Hypnotism

邰启扬催眠疗愈系列

邰启扬 等 著

自我催眠
Self-Hypnosis

抑郁者自助操作手册

社会科学文献出版社
SOCIAL SCIENCES ACADEMIC PRESS (CHINA)

本书著者：

邰启扬　芮彩琴

王　洁　刘　燕

解决抑郁问题，顺便学一种终身受益的手艺！

——作者题记

总　序

　　你听说过"巴乌特症候群"吗？那是一生都在拼命工作，突然有一天，就像马达被烧坏了一样，失去了动力，陷于动弹不得的状态。具体表现是：焦虑、抑郁、孤独、健忘、对他人的情感投入低，甚至对性生活也失去兴趣……

　　你听说过现代人身心症吗？表现在外的生理症状是高血压、消化性溃疡、过敏性大肠炎、支气管哮喘以及自主神经失调症等，但致病的根源却是心理因素。服药、打针或其他生化治疗方法每每难见成效。

　　我们有幸生活在一个伟大的时代，经济高速增长，科技日新月异，物质生活水平有了极大的提升。但硬币总有两面，世间的事总是有一利必有一弊，高速度、快节奏、竞争激烈、变化太快的社会生活使得形形色色的心理问题、心理疾病不期而至且挥之不去。据世界卫生组织统计，全球有逾3亿人罹患抑郁症，约占全球人口的4.3%，近10年来每年增速约18%，中国约有5400万患者。该组织还预测：到2020年，抑郁症会成为影响寿命、增加经济负担的第二大疾病。

除了抑郁症，还有一堆的其他心理问题与心理疾病呢。

怎么办？问题无可避免，应对才是积极的作为！

"邰启扬催眠疗愈系列"丛书向您推介一种心理治疗技术——催眠术。

催眠术具有强大而独特的作用，是解决心理问题，治疗心理疾病的有效工具。

催眠状态下，可以直接进入人的潜意识，绝大多数心理疾病的深层次根源就潜伏在潜意识中。

催眠状态下，可以让心理得到彻底的放松——情绪宣泄，任何一个人在这种宣泄后得到的感觉就是轻松，就是愉悦，就是感到重新有了活力。

催眠状态下，心理暗示的作用将得以最充分的发挥与表现，心理问题、心理疾病会有根本性的改观。

催眠状态下，开发人类潜能、调节心理状态可实现最大的功效。

强烈推荐自我催眠术。自我催眠术除具有上述功效，还有几个更诱人的特点。

自我控制——许多人对看心理医生本身有心理障碍，即害怕被别人控制；担心说出自己的隐私，自我催眠就没这种顾忌了。

简便易学——操作过程简单，经过一两个星期的学习，任何人都可以掌握自我催眠的技术。

方便快捷——随时能进行。初学阶段可能对时间与场所还有一些要求，熟练以后，任何时间、任何场合都可以进行。

不需费用——使用心理咨询师或催眠师的服务需要一笔很大的开支，至少对于工薪阶层来说是如此。自我催眠则不需要任何费用。

如今，催眠术已成为影视作品的话题与素材，它更应当成为人们调节身心状态，提高生活质量的工具，那才是这门学科、这门技术的初心。

1990 年我出版了一本小册子《催眠探奇》，至今已过去 27 个年头。27 年间，虽时有种种杂务缠身，但我始终没有离开催眠方面的实践与研究，前后共写了 12 本催眠方面的书，蒙读者厚爱，还算畅销；也帮助过不少有各种心理问题、心理疾病的人们，虽然不敢说救人于水火之中，但助人走出心理困境后的成就感与幸福感真的是享受过多次，那是一种非常愉快的体验。另外，通过书这一载体，与一批从事心理咨询工作的同人结缘，大家相互切磋、共同提高，不亦乐乎？

本次出版"郤启扬催眠疗愈系列"丛书计七种，它们是：

《催眠术治疗手记》（第 2 版）

《催眠术：一种奇妙的心理疗法》（第 3 版）

《爱情催眠术》（第 2 版）

《自我催眠术：健康与自我改善完全指南》（第2版）

《自我催眠术：心理亚健康解决方案》（第2版）

《催眠术教程》（第2版）

《自我催眠：抑郁者自助操作手册》

其中大部分是以前出版过，印刷多次而目前市场脱销的，也有的是新近的研究成果。

估计读者阅读本系列丛书不是仅仅出于理论兴趣，而是面临着这样那样需要解决的问题。别担心，更不用害怕，问题是生活的一部分，企求它不发生是空想；想逃避它则无可能。唯一的选择是让我们一起直面心理问题、心理疾病；让我们一起应对心理问题、心理疾病。好在互联网为我们提供了沟通的便捷，除了阅读本丛书外，我们还可以在我的微信订阅号"老台说心理"里作进一步交流。

感谢社会科学文献出版社社会政法分社的同人为本丛书出版所做出的种种努力。

路正长，心路更长，我愿与大家结伴同行！

是为序。

邰启扬
2017年9月28日

目　录

一　直面抑郁状态

很不幸，我们与抑郁不期而遇。

个中滋味，别人难以理解，抑郁者心知肚明。

压抑、痛苦、绝望、自责、内疚、崩溃、暴怒、恐惧、逃避、焦灼如影随形。

耳鸣、失眠、疼痛、乏力、分心、恶心、呕吐、心慌、胸闷、出汗、厌食、阳痿、闭经纷至沓来。

这是一种痛苦的体验；这是一种无形的煎熬。

据世界卫生组织统计，全球有超 3 亿人罹患抑郁症，约占全球人口的 4.3%，其中中国有 5400 万患者（国内估计数据远高于此）。该组织还预测，到 2020 年，抑郁症会成为影响人类寿命、增加经济负担的第二大疾病。

我国每年有 20 多万人以自杀方式结束自己的生命，占全球自杀者总数的 1/5。在有自杀企图的人群中，45%~70% 有明显情绪抑郁。

在抑郁症人群中，只有 4% 的人接受正规治疗，其他人在默默地承受着，极端者走上不归路。

抑郁症：不见血迹斑斑，却是伤痕累累。

问题是残酷的，但问题是生活的一部分，我们只有直面。

人类，本来就为解决问题而生！

本书，就是为解决抑郁问题而作！

专档：两只小猫

"影子真讨厌！"小猫汤姆和托比都这样想，"我们一定要摆脱它。"然而，无论走到哪里，汤姆和托比发现，只要一出现阳光，它们就会看到令它们生厌的自己的影子。不过，汤姆和托比最后终于都找到了各自的解决办法。汤姆的方法是，永远闭着眼睛。托比的办法则是，永远待在其他东西的阴影里。

二 现行解决方案

应对抑郁，科学界已经提出了多种解决方案。

● 药物疗法

优点：

提高抗抑郁活性；使用方便。

缺点：

药物依赖；有副作用。

● 电抽搐疗法

优点：

快速缓解症状；特别适用于重度抑郁症患者。

缺点：

治标而不治本；有一定风险。

● 认知疗法

优点：

通过重建认知与行为，进而调整心态。

缺点：

耗时长，见效慢。

● 三种疗法的共同缺憾

缺憾一：对于抑郁者，看医生本身就是一种心理障碍。

缺憾二：高额费用，许多人望而却步。

缺憾三：未能进入潜意识，不能解决深层次心理问题。

缺憾一与缺憾二致使高达90%以上的抑郁者不去医院而选择自生自灭，不医而愈是可能的，但只是小概率事件。

缺憾三是潜意识中的心理问题不解决，抑郁早晚还会来骚扰你。

三　自助操作方案

你采用了上述那种方式应对抑郁或者没有作为？

你所尝试的方法有效吗？如果有效，那就不必换方法了，它可能就是你应对抑郁问题的最佳选择。

△　假如效果不那么理想呢？

△　假如在不甚理想的前提下还显现副作用呢？

△　假如费用之高让你不堪重负呢？

△　假如去做治疗本身就是你跨不过去的一道槛呢？

本书提供一套以自我催眠术为核心、辅之以其他心理技术，供抑郁者自助操作的问题解决方案。

● 方案特点

△ 这套方案既不神秘，也不复杂，每个人都能够掌握它。你需要做的就是行动起来，坚持下去。

△ 这套方案的效果并不需要旷日持久才能体现，通常一周以后，就会有不错的早期体验，你会感到情况正向好的方向改变，虽然这种变化是一种渐进的过程。

△ 这套方案的操作者就是你本人，既保护你的隐私，也不需要花钱，没有心理负担，也没有经济负担。

△ 这套方案对时间、地点没有特殊的要求，你随时随地都可以做。

△ 这套方案包含了全部的工作细节，具有很强的可操作性。

△ 这套方案不是一念就灵的咒语，它就是一个框架性文件，你必须根据自身的情况设计出更为具体、详尽、量身定制的个性化方案（没有任何人可以替代你，你也不能依赖任何人），因为你的问题肯定与别人不一样，因此你的方案当然也需要与别人不同。我们从来不相信有"一把钥匙开千把锁"的奇迹，估计你也是。

△ 这套方案不仅能有效应对抑郁症，在你康复以后，依然对你有所帮助——调节身心状态，开发身心潜能。

所以，我们的口号是：解决抑郁问题，顺便学一种终身受益的手艺！

● 方案工作原理

本方案核心技术为自我催眠术。

催眠术是一种将人导入意识恍惚状态从而进行心理治疗与潜能开发的技术。具有以下特点：

△ 催眠状态下，可以直接进入人的潜意识、干预潜意识。抑郁症的深层次根源就蛰伏在潜意识中。

△ 所有的抑郁症疗法都指向于症状改变。而催眠状态下，让人的生理、心理发生改变是一件轻而易举的事情。试想，如果一位抑郁症患者在生理、心理方面发生了一系列积极的、自己所期盼的变化，那将意味着什么？

△ 催眠状态下，可以实现最彻底、最完全的心理释放——情绪宣泄，任何人在这种宣泄后必然的感觉就是轻松，就是愉悦，就是感到重新有了活力。

△ 催眠状态下，心理暗示的效应作用将得到最充分的发挥与表现，情绪方面的问题会有根本性的改观。众所周知，抑郁症最突出的症状就是心境低落。

既然催眠术对抑郁症的治疗这么有效，为什么大部分人没去使用它呢？

△ 因为没有那么多合格的催眠师。

△ 因为接受催眠师的治疗需要一笔不菲的费用。

△ 因为很多人不想被别人控制。

△ 因为很多人不想进入病人角色以及随之而来的病耻感。

自我催眠术是一种自己诱导自己进入意识恍惚状态，利用心理暗示干预潜意识，从而实现治愈疾病、调节身心的一种技术。它既能实现催眠术的功能，又无催眠术的诸多弊端。

本方案以自我催眠术为核心技术，同时融入认知、行为疗法，作为应对抑郁症的有效工具。

本方案并不排斥其他治疗手段，我们只是提供另外一条路径，一条简捷而有效的路径。

● 方案适用对象

△ 处在"灰色地带"的抑郁者。

△ 轻度抑郁症患者。

对于中度、重度抑郁症患者，本方案将是其他疗法的有益补充。

专栏：我能被催眠吗

我们常常会听到身边的人说"我是不可能被催眠的"。研究发现，约有95%的人都有相当程度的催眠敏感度，另有5%的人，很难被催眠。真正无法被催眠的人有哪些呢？艾伦博士认为智商低于70的人无法被催眠，严重的精神病患者或非常年老的人也无法被催眠。对绝大多数人而言，催眠是一个有益并且潜力无限的工具。

那么，对于那些仍然坚持自己无法被催眠的人，你属于哪一类呢？你的智商很低？你的精神疾病很严重？还是你已经老如枯朽？

四 测查抑郁状况

有些人找到我们，开口就说："我有抑郁症，请您帮我治疗。"

我们说："有何证据？经过测试了吗？"

"没有！可我情绪低落，还失眠、焦虑，这不是抑郁症吗？"

"不对，抑郁是一种人皆有之的体验，只有抑郁达到某种程度，持续较长时间才算得上是抑郁症，而且抑郁症还有轻度、中度、重度之分。所以，你首先需要进行心理测试。"

下面是一个抑郁测试量表，你先来做一下，了解自己的抑郁程度。

● **伯恩斯抑郁症量表**

请在符合你情绪的项上打分：

没有 0 分　轻度 1 分　中度 2 分　严重 3 分

1. 悲伤：你是否一直感到伤心或悲哀？

2. 泄气：你是否感到前景渺茫？

3. 缺乏自尊：你是否觉得自己没有价值或自以为是一个失败者？

4. 自卑：你是否觉得力不从心或自叹比不上别人？

5. 内疚：你是否对任何事都自责？

6. 犹豫：你是否在做决定时犹豫不决？

7. 焦躁不安：这段时间你是否一直处于愤怒和不满状态？

8. 对生活丧失兴趣：你对事业、家庭、爱好或朋友是否丧失了兴趣？

9. 丧失动机：你是否感到一蹶不振，做事情毫无动力？

10. 自我可怜：你是否自以为自己已经衰老或失去魅力？

11. 食欲变化：你是否感到食欲不振？或情不自禁地暴饮暴食？

12. 睡眠变化：你是否患有失眠症？或整天感到体力不支，昏昏欲睡？

13. 丧失性欲：你是否丧失了对性的兴趣？

14. 臆想症：你是否经常担心自己的健康？

15. 自杀冲动：你是否认为生存没有价值，或不如去死？

评分标准：

0~4 分：没有抑郁症。

5~10 分：偶尔有抑郁情绪。

11~20 分：有轻度抑郁症。

21~30 分：有中度抑郁症。

31~45 分：有严重抑郁症并需要立即治疗。

你的得分＿＿＿＿＿＿＿＿＿

你的抑郁状态＿＿＿＿＿＿＿＿＿＿＿＿

注：测试结果填入"路线图与提示点"部分抑郁程度表中。

● 描述自身感受

以下情况，如有与之相符的，请把它摘录出来，这里未列出的感受，也请填写下来。

△ 胃口不如以前，食欲减退，体重明显下降。

△ 睡眠质量下降，容易惊醒。

△ 感觉精力不如以前，身体疲惫，四肢酸软。

△ 有莫名的疼痛。

△　情绪低落，闷闷不乐，无精打采。脾气变坏，容易生气发怒。

△　对大部分事情失去了兴趣，懒得做事。

△　记忆力也变得很差，容易遗忘。回忆起来的事情，多半是消极和令人不快的。

△　感到生活变得空虚，生活中没有什么快乐的事情。

△　过去比较容易应付的事情，现在可能产生莫名其妙的恐惧。

△　活动减少，常常发呆。

△　懒得说话，即使开口也是有气无力，说话声音小。

△　快乐感明显减少，对不快乐的感受与日俱增。

△　不信任他人对自己的积极态度。

△　对未来的看法悲观、消极。

△　会变得脆弱，面对逆境或挫折变得不堪一击。

△　缺乏价值感，感觉不到自己的价值所在。

△　会因为一些无关紧要的事情而内疚、自责。

△　会有无助感，即无能为力的感觉。

△　对待他人的方式发生了变化，与他人正向的交往减少，而冲突却不断增多。

△　会发现自己无法集中精力去做任何事情，包括看书和看电视。

△　想做点什么，却不知道该做什么，四处走动，紧张不安，难以放松。

△ 遇事立刻想到消极的一面，眼中的世界总是灰暗的。

△ 习惯于把一件事夸大，使之变得很可怕，灾难化。

△ 有轻生倾向，甚至很强烈。

△ ……

　　注：选择结果及自己写下的感受请填入"路线图与提示点"部分抑郁症状表中。

五　形成正确理念

人们通常认为，今天我遇上一件好事，所以我开心；明天又遇上一件坏事，所以我沮丧。因果关系，清晰明了。美国心理学家埃利斯提出的情绪 ABC 理论彻底颠覆了这一说法。

A　代表生活事件

C　代表情绪和行为后果

B　代表个体的认知与评价

埃利斯认为，情绪和行为后果不是由生活事件直接引发，而是个体对生活事件的认知与评价而产生。

埃利斯举了下面这个例子来说明他的理论。

两个花匠去卖花盆，途中翻了车，花盆打碎了 2/3。

一个花匠说："完了，2/3 的花盆没了，真倒霉。"

另一个花匠说："真幸运，摔这么大个跟头还有 1/3 的花盆好好的。"

在这个例子中，事件是花盆打碎了 2/3，但两个花匠的反应却大不一样。一个觉得倒霉透顶，一个感到非常幸运，可见，对事件的认知决定了行为反应，而非事件本身决定行为反应。

● 患上抑郁症不是世上最倒霉的事

抑郁者常认为自己是世间最不幸的人，遇上了最倒霉的事。果真如此吗？

在心理咨询中，我经常问抑郁者一个问题，什么人绝对不可能患上抑郁症？思前想后，最终的结论惊人地一致：只有白痴绝对不可能得抑郁症。

我们再来看什么人最容易患上抑郁症？

调查表明，高学历、高收入群体更易抑郁，成功人士患抑郁症的可能性是一般大众的 8 倍。

如果有可能让我们在白痴和抑郁症之间作强迫选择，我们会选哪一种呢？

答案不言自明。

结论：罹患抑郁症的确是一件不幸的事，但还算不上是最倒霉的事。比起绝对不可能患有抑郁症的人来说，患有抑郁症还算是幸运的，况且，我们还位于高成功概率的人群中呢！

● 抑郁症不是不治之症

抑郁症是不治之症吗？当然不是，太多太多的人已经摆脱了它的纠缠，为什么我不能呢？

也许，过程有点漫长。

也许，道路有些曲折。

但只要积极地应对，摆脱抑郁症算不上是个奇迹，只是个常态。当然，如果你自暴自弃，破罐子破摔，那就没法说了。

● 患抑郁症不是见不得人的事

在世俗观念中，抑郁症以及其他心理疾病都被污名化了。得了抑郁症的人似乎干了件见不得人的事。其实，抑郁症就是一种病，和心脏病、胃病一样一样的。你见过谁一生什么病都没得过吗？世间没有这种人，如果有，就是妖怪。

所有智力正常的人都曾经抑郁过。现在不是有个很流行的词叫"郁闷"吗？郁闷就是抑郁。只不过是抑郁者抑郁程度更严重些，抑郁时间长一些，除此之外，我们与他人没什么区别。

心理健康与心理不健康之间没有一条明确的界限，没有一个人的心理是完全健康的，绝对健康的。每个人的心理上都有弱点，都有缺陷，都有毛病。即使你的抑郁症痊愈了，也不会是啥事都没了，困惑与纠结将伴随人的一生，不管他是谁。

躲躲闪闪，遮遮掩掩，本身就是一种抑郁源。

如果我们已经罹患上抑郁症，就得承认"我有病！"有病的确不好，但它就是发生了，是事实，是只能接受、必须接受的事实。

不能闭上眼睛不承认现实，那会使现实变得更残酷。

有些事实没法改变，有些事实却是完全可以改变，只是需要勇气与耐心。

● 你是自己最好的心理医生

生理上发生疾病，我们去医院，找医生，这时我们就把自己交给医生了，我们所要做的就是"遵医嘱"，也就是医生让干什么就干什么，不让干什么就不干什么。

心理疾病可不能这样，最好的心理医生也只是帮助者，最终解决问题还得靠自己。从来没有听说过一个完全被动的心理疾病患者能够真正解决所面临的问题。

这一观念必须建立，否则，只有两种结果在等待你：

第一，问题有所缓解但没有真正解决，治疗期间会好些，不久又故态复萌。

第二，解决当前问题的代价是出现一个新的问题。

原因很简单，目前的状态，在很大程度上是自己造成的，解铃还需系铃人，要想走出困境，还得靠自己。

阿尔伯特·施韦策医生说："每个病人的体内都住着自己的治疗师，而那些前来向我们求助的病人却不了解这一点。所以当我们给这些治疗师一个大显身手的机会时，我们已做到了最好。"

你是自己最好的心理医生！应对抑郁，第一责任人就是你自己。

专档：我正是观音

一个人遇到了难事，便去寺庙里求观音。

走进庙里，才发现观音像前也有一个人在拜，那个人长得和观音一模一样，丝毫不差。

这人问："你怎么这么像观音？"

那人答道："我正是观音。"

这人又问："那你为何还拜自己？"

"因为我知道求人不如求自己。"

自己就是
自己的观世音

● 心病还需心药医

抑郁症既是生理疾病也是心理疾病，光靠吃药肯定不行。应对抑郁，一定要在心理方面下功夫，花气力。正如俗话所说，心病还需心药医。

最好的心药，一定是在潜意识层面发挥作用。不进入潜意识，断然不能根本解决问题。

自我催眠术，正是开启潜意识大门的金钥匙。

● 承担起对自己的责任

树立起对自己、对生活的责任感。

如果你相信你的角色和生活都是由他人、由命运，或是任何神秘力量掌控，又如何能够改变？当你把生活的责任交付给他人时，也出让了创造和改变自己的权利。

要想通过自我催眠来战胜抑郁，首先要做到的是：

有意识地声明自己有创造生活的权利，按照自己的期望去塑造它。从对自己和对生活承担责任做起——不管是生活中积极的、光辉灿烂的一面，还是消极的、遍布阴霾的一面，统统承担起对它们的责任吧。

● **相信自己的力量**

自我催眠，从相信自己开始！对自己缺乏最基本的信任，又何以由自己来改变自己？

随着自我催眠练习的开始，一连串良好感受的获得，你对自己的信任感会与日俱增。而这种自我信任感，便是你解决抑郁问题的正能量。

人类的潜能极其巨大，最杰出的人大约发挥出 5%，最差的人仅发挥出 1‰，大部分人发挥出 1%~2%。所以，你的潜在能力比你已经发挥出的能力要大得多。

专档：人类潜能小实验

让一个小姑娘抓住一位壮年男子的手腕，告诉这位小姑娘，你得抓牢了，因为这位男子马上会用力甩掉你的手。反复强调！然后男子用力一甩，小姑娘的手很轻易就被甩掉了。应当说，这是常态。

设想另一种情境，小姑娘掉到河里了，她不会游泳，一把抓住了这位壮年男子的手腕，这位壮年男子能把小姑娘的手甩掉吗？

绝无可能。不要说这位壮年男子，就是把拳王泰森叫来，他也甩不掉。

这是因为，在生命的危急时刻，人体内会唤起巨大的能量，以应对当前的危机。

所以，任何一个人体内都蕴藏着巨大的能量，只是平时没有调动出来而已。

● 做一个自觉有效的创造者

仔细瞧瞧你的生活，会发现自己创造了周围的一切：你的人际关系、你的工作、你的心理状态（喜悦、幸福、伤心、生气、爱、恐惧等）、你的财富，我们都是令人惊叹的造物主。

发现自己、认可自己将进一步提高创造力。这一认识将如催化剂一般，帮助你更好地创造自己的生活。所有的念头都变成创新的种子，你将成为一个自觉有效的创造者：告别往日生活的种种窘境，迎来翘首盼望的新生活。

专档：顽石的启示

让我刚嫁到这个农场时，那块石头就在屋子拐角处。石头样子挺难看，直径约有一英尺，凸出两三英寸。

一次我全速开着剪草机撞在那块石头上，碰坏了刀刃。我对丈夫说："咱们把它挖出来行不行？"

"不行，那块石头早就埋在那儿了。"

公公也说："听说底下埋得很深哪。自从内战后你婆婆家就住在这里，谁也没有把它给弄出。"

但是我还是决定将它挖掉。

一次，我拿出铁锹，振奋精神，打算哪怕干上一天，也要把石头挖出来。谁知我挖

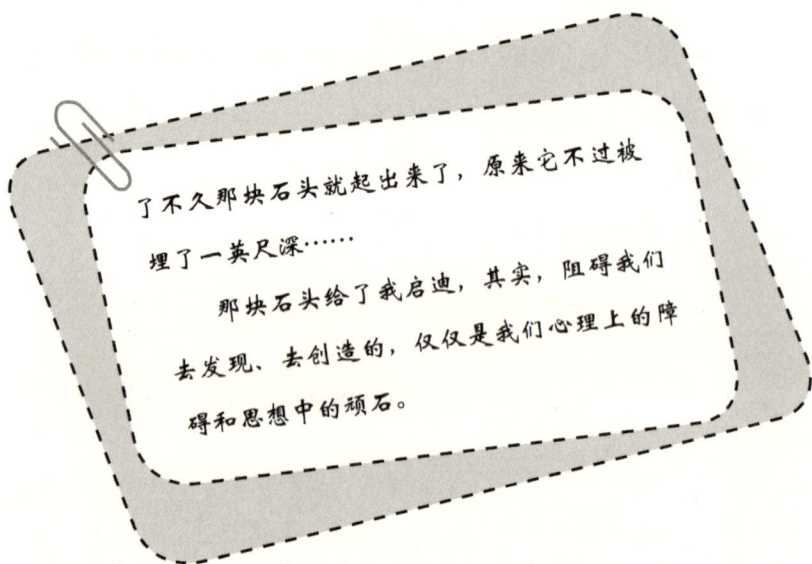

了不久那块石头就起出来了，原来它不过被埋了一英尺深……

那块石头给了我启迪，其实，阻碍我们去发现、去创造的，仅仅是我们心理上的障碍和思想中的顽石。

● 积极的预期

变化是生命当中很自然的一部分，整个宇宙都在不断地运动变化。

季节更替，时间流逝，所有的动植物都在成长和变化。体内老的细胞衰亡，继而被新的细胞取代。改变是万物的本性，也是你的本性，所以，期待自身能发生一些改变是再自然不过的事情了。

当你改变的期望越来越强烈和集中，能动性便随之而来，付出的努力也会更加有效，你一定能收获自我催眠所带来的改变。从今天开始，培养自己对催眠效果的预期，着手实现积极的自我转变——摆脱抑郁。

专栏：耐人寻味的皮格马利翁效应

在古希腊神话中有这么一个故事：塞浦路斯国王皮格马利翁性情孤僻，喜欢独处，但擅长雕刻。他用象牙雕刻了一座他所神往的美女像。在塑造这一雕像的过程中，他倾注了全部心血和感情，禁不住对这尊美丽的少女雕像产生了爱慕之情。他疯狂地爱上了自己所创造的作品，为此吃不下饭，睡不着觉，终日以深情的目光望着雕像，几近病态。此事感动了天神，遂将少女变成了活人，让这对有情人终成眷属。

● **适度容忍**

摆脱抑郁的过程不可能是一片坦途，一定会有起伏，因为事物的发展都是波浪式前进，螺旋式发展。

心诚

足以

成真

人是地球上最复杂的存在物，心理问题更是充满各种纠结，我们的状态不可能直线上升。在目标的实现过程中会出现多形态的曲折：

△　坚持训练了一段时间，并没有看到显著的效果。

△　训练开始阶段效果不错，但之后的进步不明显。

△　训练一段时间后确有效果，但因发生某个事件，状态又回到原点。

下面对这三种形态进行解读。

形态一：短期内没有看到显著的效果并是没有效果，训练的效果尤其是心理暗示的效果具有累加性，感到肚子吃饱的是第三个馒头，但没有第一个、第二个馒头行吗？

形态二：这是遇上了"高原现象"。训练规律是：前期效果明显，成绩直线上升，然后进入"高原期"，训练效果不见上升甚至还会有少许下降。一旦突破了瓶颈，训练效果又会有一个新的跃升。

形态三：反复是在解决心理问题的过程中不可避免的现象。反复是一种煎熬，也是一种磨炼，不经一番煎熬，一番磨炼，良好的心理品质不可能固化下来，不良的心理品质也不可能自行退出。

除了要容忍过程的起伏，还要容忍结果的不完美。

院子打扫得再干净，总还会有卫生死角。人的心理问题，本来就不可能彻底解决。你见过十全十美的圣人吗？一位美国心理学家把话说绝了，如果我们在世界上找到一个人，这个人在所有的心理测验中的所有指标都是正常的，那么，我们要说，这个人是另外一种类型的心理不健康。

专栏：农田里的收获

在进入自我催眠状态之后，把自己想象成一个很大的农田。有一部分土地已经用来种植最好的农作物。另一部分却有许多杂草，看上去产量不高。

你的内心独白可以是这样的：我知道自己想去除这些杂草。这就需要劳动，先拔草，再清理。我当然希望自己的农田尽可能的整洁和高产。所以要找到方法进入自身消极面，即杂草丛生的地方，这样才能了解这些不毛之地产生的原因，然后清除它们。

对每一部分消极自我加深了解，就好像不断地拔除了杂草。有些杂草是令人窒息的，是沉闷的，就像我的一些消极行为。其他的杂草，会阻挡阳光、能量，阻止食物的生长发展。我们需要把这些杂草清除掉。我对自己越了解，对田地的清理就越干净。

同时，我也知道生活中平衡的必要性。拔掉那些我能够得着的杂草，它们也是干扰最大的消极面。但我也知道，为了达到平衡，我可以对一部分杂草不闻不问。没有必要把它们全部清除掉，这样仍然可以保持多产，获得丰富的收获。

● 现实的期待

抑郁者需要对两个事实有心理准备。

△　在改变抑郁的过程中会有反复。

△　在抑郁问题已经解决以后，还会有反复。

别期待一次改变以后不再反复，心理问题不存在根治的现象。

生活中不可避免地要发生负性事件，这些负性事件不可避免地影响着我们，进而心境低落、情绪抑郁。

有时候，我们的抑郁是正常的、必要的。比如，一个学生五门功课考试门门不及格，还在那里傻笑，这正常吗？某人同

专档：河边的苹果

有一位老和尚，他身边聚拢着一帮虔诚的弟子。有一天，他嘱咐弟子每人去南山打一担柴回来。弟子们匆匆行至离山不远的河边，人人目瞪口呆。只见洪水从山上奔泻而下，无论如何也休想渡河打柴了。无功而返，弟子们都有些垂头丧气。唯独一个小和尚与师父坦然相对。师父问其故，小和尚从怀中掏出一个苹果，递给师父说，过不了河，打不了柴，见河边有棵苹果树，我就顺手把树上唯一的苹果摘来了。后来，这位小和尚成了老和尚的衣钵传人。

一天既被公司辞退了，也让女朋友踹了，却无动于衷，能说他
心理素质好吗？如果我们本来就曾患过抑郁症，又遇上这些破
事，于是抑郁了，抑郁的感受比别人还强点，基本属于可接受
范围。

● 平常心很重要

病来如山倒，病去如抽丝。解决抑郁问题，心不可太急，
不可太切。

动机水平与解决问题的效率之间的关系呈一条倒 U 形的曲
线。动机强度过低，不利于问题的解决，动机强度过高，唤起
过多的神经能量，将会干扰正常的认知加工，破坏手眼协调。
欲速则不达就是这个道理；要保持平常心也是这个道理。

保持平常心的确不容易，但至少要向这个方向努力。

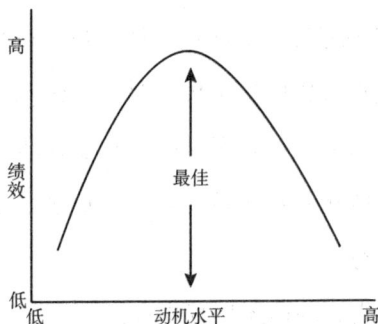

图 1　动机水平与绩效的关系

六　做好训练准备

● 场所的选择

　　当练习者达到一定的熟练程度，能够自由出入恍惚（催眠）状态时，对自我催眠的练习环境几乎没有什么特别的要求。可以是鸟语花香的庭院，清新宜人的公园，或是海风拂面的沙滩，在大自然的怀抱中练习自我催眠。甚至当你置身剧院等待电影开场时，当你坐在飞机座椅上休息时，当你站在拥挤的公共汽车站候车时，都可以实施自我催眠，享受这种恍惚状态。你没准还能利用外界的声音和干扰，让自己更加放松，很容易并很快地进入催眠状态。

　　但对于初学者，环境还是有些讲究。

融入天地自然

一 自我催眠 一

1. 场地

房间太小会有一种束缚感或被压迫感，太大则有精神散漫之弊，10平方米左右的房间比较合适。

房间的色彩以奶油色或淡绿色为佳。这种颜色给人以宁静、舒适、安详的感觉。如果是白色墙壁的房间，只要控制好光线，让反光不太强也就可以了。

场所以安静为宜，应避免喧闹声、楼道走步声、水管流水声和家用电器的声音等。

避免放置有刺激性气味的东西，如木材味、涂料味较重的房间尽量不使用。

最好避免空调或电风扇的风直接对着人吹。

家具、墙壁、地板、布帘和地毯的装饰应力求简洁、素雅，减少无关刺激物，不因此而分散注意力。

2. 温度

室温不宜过低或过高，过低会使人紧张、注意力不集中，过高会使人感觉闷热，以20℃~25℃为宜，以自我感觉舒适为度。

3. 照明

室内不要光线太强，或灯管有故障一闪一灭。

与直接照明相比，柔和、间接照明最合适。拉上窗帘，防止阳光直射。打开落地灯（落地灯比头顶灯好），让灯光照向墙壁、窗帘。

总之，所选择的环境能让你感觉到舒适、安全，并且不会受到打扰。因为自我催眠是款待自己的特殊体验。

● **时间的安排**

　　培养自我催眠技巧最需要的是花时间练习。你在自我催眠上投入了多少时间，就如同你在一个能实现积极自我转变的银行中存入了多少存款。

　　不管你为自己投入了多少时间，在这些时间中的专注程度如何，你总能有所收益。也就是说，进行自我催眠练习，你可以自由地决定什么时候开始练习以及练习持续的时间。根据你的喜好，根据你的可能。

1. 练习频率

每天 1~3 次为宜。

2. 练习时间

每次 15~20 分钟。导入技术日臻成熟后，只需要 8~10 分钟。你会很快地进入放松和恍惚状态。大部分时间用于暗示以及对目标和转变的可视想象。

　　你想要实现的转变越多，或目标越复杂，你在催眠中花费的时间就会越长。但我们不建议目标太复杂，时间太长。罗马城不是一天建成的，人的改变也不可能在短时间内实现。

　　有些人需要的时间更长一些，有些人则短一些，完全没有必要和他人比较。同样，没有任何两段催眠经历是完全一样的。每次催眠过程中，你要处理的紧张水平不同，你要利用的干扰也不一样，每一次自我催眠都是独一无二的体验。

熟练的练习者每天会进行多次的"迷你自我催眠"——每次只花费 3~4 分钟。即使是这样简短的练习，也能让你获得有效的放松。当然，这是建立在长期规律实践的基础上的。

你每天究竟花费多长时间进行自我催眠并不重要，重要的是你每天坚持练习。享受自己在每天的练习中所取得的技能进步。

3. 规律性的练习

自我催眠是一种技能。就如同投篮球一样，每个人都能很自然地实施它。但经过规律性的练习，你不再是漫无目的地投篮球，而是能够瞄准目标。如果你想解决面临的问题，规律性的练习很有必要。

> 贵有恒何必三更眠五更起，
>
> 最无益只怕一日曝十日寒。

● 姿势的选择

1. 在椅子上做自我催眠

找一张有椅背的椅子，椅背最好能高一点儿，这样可以支撑你的后脑勺，或者拿个枕头垫在后面，以保证你的脖子和头部有支撑物。

在椅子下方放一只坐垫会更舒适。舒适落座，身体不偏不

倚，两脚分开，脚指头也微微张开。双手轻置腿上或椅子的扶
手上，手背向上，十指自然张开。

2. 在床上做自我催眠

在床上做自我催眠时，一定是在较为私密的空间。你可以
解除掉身上的束缚物，如皮带、胸罩等，这将更容易获得放松
的感觉。

大部分练习者感觉坐着练习比躺着效果更好，因为躺着的
时候，意识极度放松，人很有可能会睡着。如果你此次练习的
目的就是为了睡觉，那么躺下来也无妨。什么样的姿势并不重
要，关键是以自己感到舒服为准。

专栏：练习，练习，练习

一天，一个年轻人胳膊下夹着一只小提琴盒，慌慌张张地从街道上冲出来。他疯狂地拦住了一位老绅士，问道："我怎样才能到达卡内基音乐厅（美国第一座大型音乐厅，拥有号称世界一流的音响设备）？"老绅士平静地看着这个焦躁不安的年轻人，答道："练习，练习，练习。"

七 掌握催眠技术

● 腹式呼吸

我们每天每时都在呼吸，呼吸的时候胸部在起伏，这是胸式呼吸，也叫浅呼吸。

腹式呼吸，即呼吸时腹部在起伏，这是一种深呼吸，特别有利于人的身心放松。

现在请你安然入座，或者舒适地躺在床上，先来练习腹式呼吸。

△ 第一步：把一只手放在肚皮上，大拇指放在肚脐眼处。
   闭上眼睛，用鼻子深深地吸口气，同时默数三下：1，
   2，3，感受腹部向上隆起，吸入的空气流入肺内。

△　第二步：屏住呼吸，同时默数三下：1，2，3，

△　第三步：用嘴巴缓缓吐气，比吸气时的速度慢一倍，也就是默数六下：1，2，3，4，5，6，感受横膈膜向上隆起，腹部降低，空气从肺部排出。

△　第四步：停顿，默数四下：1，2，3，4，接着从头再来。

你可以自由控制呼吸的速度，当你熟练掌握腹式呼吸这一技巧时，可以延长每一步的时间，获得更大程度的放松。

在以下的放松过程中，所有有意识要求的呼吸都是这种腹式呼吸。

● 放松训练

进入自我催眠状态的基本手段是全身心放松；标志性反应也是全身心放松。

放松贯穿于自我催眠的全过程，放松也是自我催眠的目标状态。

心理学家埃德蒙·杰克布森说，放松的身体里住着的绝不会是焦躁不安的灵魂。

如果身心达到了放松状态，困扰我们的抑郁问题就已经解决了一半。

无论是放松的过程还是放松的结果都是一种非常愉快的体验。

零成本、特简便、很舒服，这就是放松的收益。

1. 手臂放松

闭上眼睛。

3-5 次缓慢、充分的深呼吸。

双手同时握拳，举在胸前……紧紧握住……深吸一口气……保持住……就像手中攥着某个东西那样。确定自己将手握到了最紧……保持手指紧紧合并的握拳的姿势……感受到其中所有紧张……用尽全身的力气尽量握紧。

缓缓呼气……慢慢地把手打开……手指往外伸展……手臂如自由落体般地落到自己的大腿上……

重复三次。

静静地坐着（躺着），再次深呼吸，体验放松后手臂慵懒倦怠状的愉快感觉……压力、紧张、烦恼如同融化的蜡一样，顺着手臂、手掌、指尖流出去……

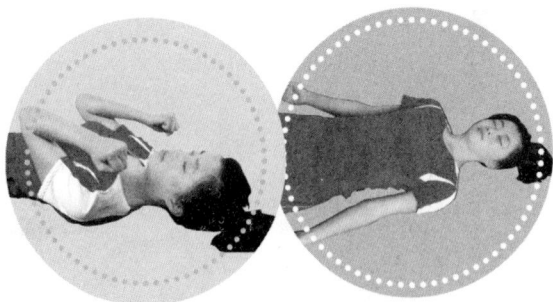

2. 双腿放松

闭着眼睛。

3~5 次缓慢、充分的深呼吸。

将脚指头往下蜷起，蜷得越紧越好。绷紧小腿肚和大腿的肌肉，使其达到最大限度的僵硬。同时深深地吸气……屏住呼吸……保持肌肉紧张……

缓慢地呼气，慢慢地放松脚指头，放松小腿肚和大腿的肌肉……双腿落在地上（床上）……感受双脚和双腿中的紧张与压力被慢慢地释放……

重复三次。

　　静静地坐着（躺着），再次深呼吸。把双腿想象成两大块
浸透了水的布，潮湿而松软。有点重，但很舒适……压力和疲
劳沿着双腿流出体外，如同热糖浆从药瓶中流出……

3. 肩部放松

闭着眼睛。

3~5次缓慢、充分的深呼吸。

用力耸起肩膀，向双耳靠拢，收缩脖子后部、背部和肩膀上的肌肉。保持这个姿势。深吸一口气……

屏住呼吸……保持紧张……把注意力集中到肩部的紧张上……收集起来……想象你正肩负着所有的任务和压力……

呼气……将吸入的空气彻底呼出，双肩突然放松……同时心中默念：释放紧张……释放压力……释放疼痛……释放困扰……

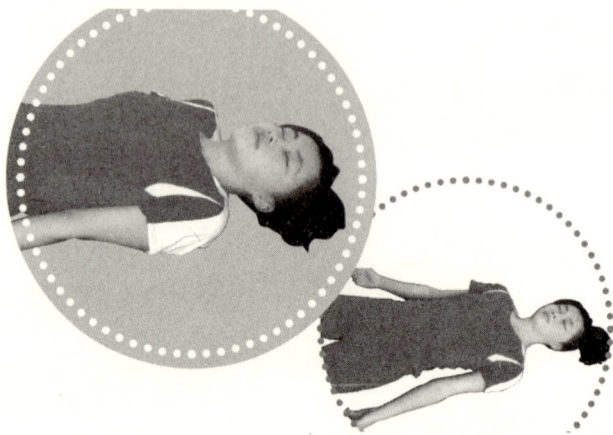

重复三次。

体验肩部放松后的舒适感觉，想象一下你正为一艘船起锚，或是脱去一件被雨水淋透的外衣。

4. 背部放松

闭着眼睛。

3~5 次缓慢、充分的深呼吸。

绷紧背部，用足力气，弓成一个空心交叉的姿势。同时深吸一口气，保持这种紧张姿势。

将注意力集中于背部肌肉，感受背部肌肉的紧张……酸痛……疲惫……

突然松开紧张，让背部与垫子（椅子）相碰触。

缓缓地呼气，想象本来紧绷着的身体像一根突然松开的琴弦……全身软软地瘫在垫子（椅子）上，压力被一点一点地从背部挤了出去……

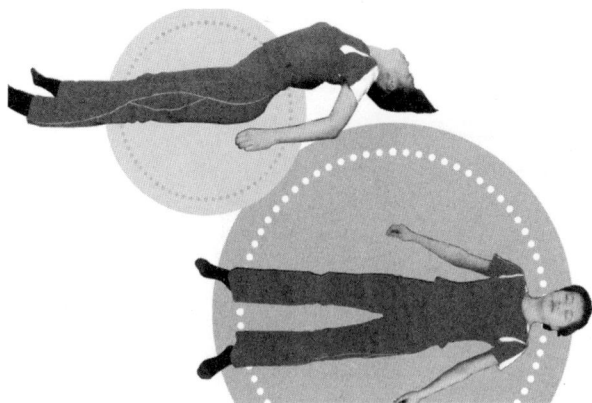

5. 胸部放松

闭着眼睛。

3~5 次缓慢、充分的深呼吸。

用力扩展上半身，深吸一口气，把空气吸入胸腔，整个人体好像得到了扩张，保持这种紧张。

突然松开紧张，同时缓缓地呼气。

感觉心跳变慢了……血压规律了……身心都比以前更轻松了……

在脑海中浮现心脏正在跳动的模样，"扑通、扑通"地跳动。如同荡漾于涟漪之中的一叶小舟，在愉快的律动中舒适地摇摆。所有的紧张与压力都成了盘子中的酒精，慢慢地蒸发和消失掉了……

6. 体验放松后的感受

全身放松完毕，细细体会、慢慢咀嚼放松后的感受，用多个自己熟悉的画面与这种深度放松的感觉相联结。如：

一道暖暖的光；

散发着热量的煤炭；

大漠中折射着阳光的滚烫的沙粒；

冉冉升起的朝阳；

洒满落日余晖的天空；

……

找到与这种舒适、放松的状态相联系的画面或经历。每次进行自我催眠时，你可以在脑海中强化这幅画面和这种放松的体验。经过练习，这些画面和体验最终会成为后催眠线索，使你迅速进入放松状态。

你还可以对自己作如下暗示：

我身体的各部位都已经放松了，现在我要享受这种放松后宁静而舒适的感觉……再做三四次彻底的深呼吸……每次吸气时能将新鲜的空气带进身体，每次呼气时能将用过的空气排出身体。就像一只风箱……吹着健康的风……

每一口呼出的气都能带走体内的压力……带走担忧……带走不适。就像一只正在煮着水的茶壶，蒸汽从茶壶中跑出来，释放了壶中的压力……

我能感受到身体上的肌肉在放松……这种感觉从头部往下扩散……到达脸……到达肩膀……到达手臂……到达胸部……遍及整个背部……

脑海中出现一幅画面：我能看见自己正站在楼梯的顶端，感受周围的气味和声音，如鸟语花香……如果我听到车驶过或飞机从头顶飞过……我知道自己可以把所有的紧张……所有的压力都装进手提箱或包裹，扔到汽车或飞机上。当它们的声音渐渐远去……我知道自己的紧张和压力也随之远去了。

● 躯体感觉

放松之后，就要找躯体感觉了。这些感觉的获得，就意味着已经进入了自我催眠状态。

1. 躯体沉重

放松之后，在心中反复不断地默念：

"眼皮沉重……眼皮沉重……眼皮沉重……"不想睁开，一点儿都不想睁开……闭上眼睛，我觉得非常舒服，体验一下，体验眼皮沉重后舒服的感觉……继续体验……

"双臂沉重……双臂沉重……双臂沉重……"不想动，

一点儿都不想动……也很难动。双臂沉重后，我感到非常舒服，体验一下，体验双臂沉重后舒服的感觉……继续体验……

"双腿沉重……双腿沉重……双腿沉重……"不想动，一点儿都不想动……也很难动。双腿沉重后，我感到非常舒服，体验一下，体验双腿沉重后舒服的感觉……继续体验……

如果眼皮、双臂、双腿甚至全身变重的感觉能持续20~40秒钟，则练习能取得较好效果。

躯体获得沉重感之后，你可以在头脑中一遍遍地回想起自己喜欢的音乐旋律，或想象一些能让你放松的意象，如安静的河流或湖泊、一望无垠的草原、挂着露珠静静绽放的花朵……这些意象可以是现实存在的，也可以是你虚构出来的。

2. 手心发热

在心中反复不断地默念：

"手心发热……手心发热……愈来愈热……"这股暖流在游动，整个手臂也开始发热了……甚至有点发麻……这是一种非常愉快的感觉，我用心体验它，体验这种舒服的感觉……

脑海中浮现出自己的上肢和血管，想象能量如电流一般在其中奔流，或回忆以前坐在炉火前取暖的情景。越来越热了，就是这种感觉……

3. 呼吸轻松

"我的眼皮沉重了……双臂和双腿也沉重了……手心发热、发麻……非常舒服……于是，我的呼吸也轻松……"

在心中反复不断地默念：

"呼吸轻松……呼吸轻松……呼吸轻松……"

我的呼吸变得非常轻松，深而慢，脑海中出现身体随着呼吸缓慢起伏的样子，仿佛有一种全身都在进行呼吸的感觉。身体宛如漂浮在轻波柔浪之中，静静地做前后左右的摇荡，精神上感到十分的轻松爽快。

4. 腹部温热

把一只手放在自己的肚脐眼处，片刻后在心中反复不断地默念：

"腹部温热……腹部温热……腹部温热……"

这是一种十分惬意的体验，暖暖的……非常舒服……我在享受这一切……

在头脑中想象自己的手掌就像一只暖宝宝，从手掌中散发出来的热量逐渐地使上腹部温热起来，一边默念："从手掌中发出的热量穿过衣服，穿过皮肤，深深地渗透腹部深处……"感受这种温热感从胃周围波及下腹部一带。或想象自己的腹部正中有一个光芒四射的太阳，阳光炽热，照亮和温暖了腹部的每一个角落。

5.额头阴凉

在心中反复不断地默念：

"额头阴凉……额头阴凉……额头阴凉……"

我感到神清气爽，头脑特别清晰，对！就是这种感觉！

想象自己独自一人划着小舟荡漾在宽广的湖面上，一阵阵凉风扑面而来，驱散了从额头散发出来的热量，风儿带走了您的不安与担忧，悲伤与痛苦，憎恨与恐怖。寂静的湖光山色优美无比，令人悠然自得。

● 催眠深化

有时，自我催眠的练习者感到自己进入催眠状态的深度不够，效果没那么好。没关系，一是通过有规律、不间断地练习，进入催眠状态的深度会愈来愈好，二是通过一些深化自我催眠的方法来达到你的目的。

1.下楼梯法

在放松训练以及找感觉之后，运用意象中的下楼梯法来加深催眠状态。基本暗示语如下：

　　马上我要下楼梯了，它也许有 10 层台阶……往下走的时候，我会数出每一层台阶。每下一层台阶，将感到更加放松……更加舒服……

　　我准备好要开始了。现在头脑很清楚，可以看见或感觉到那个楼梯，感觉到每层台阶……我准备好了。

　　10……从楼梯上走下的第一步。我很惊喜地发现自己摆脱了不少紧张。就像任何一次旅途中迈出的第一步……第一步通常是很重要的……

　　9……第二步，我能感觉到自己好像在舒适、晴朗的天气里散步。我走得越远，下的台阶越多，感觉就越舒服，离烦恼和担忧也越远。

　　8……紧绷的感觉慢慢变得松懈，温暖和凉爽取代了它们。

　　7……我还能看见许多色彩。也许是楼梯或墙壁的颜色……或者是天空，是墙上图画的颜色。灰色能带来一阵凉爽的风，吹遍我的全身……明亮的蓝色带给我阳光直射时的温暖。

　　6……我下到楼梯的一半了。我看到了绿色，就像室外的草坪。看到大红色、粉红色或黄色、金色、棕色，甚至是黑色或白色，这些颜色交织在一起或清晰地分开……像是从万花筒中看到的画面，在深度放松中，我看到色彩缤纷的彩虹……帆船或小艇……油画……气球。

　　5……继续往下走，放松的感觉传遍了全身……如此地舒服，如此地安全，我正在享受这种体验……我知道我可以到自己向往的任何地方游玩……

4……感到越来越放松。

3……下到楼梯的一个新高度。我能感到身体的温暖，或者是凉爽。整个人仿佛置身于一幅油画，或某个景点……

2……快要到了。

1……我感到了深度的放松……我已经到达了宁静平和的境界。手臂变得越来越轻，好像要飘起来了……就像一片树叶……可以肯定地说：我正在进行积极的改变！

2. 听节拍器

买一个节拍器，把节拍器调到每分钟 50 次的慢节奏上使用。集中全部注意力聆听节拍器发出的声响，同时在心中默念：我的眼皮越来越重了……双臂和双腿也越来越重了……我体验到了腹部的温热感和额部的阴凉感……现在，我正在聆听节拍器的声响，我的身体，我的心灵越来越放松，声音仿佛越来越慢了……越来越小了……我进入了更深的自我催眠状态……

也可以在网上下载雨滴声，或者听节奏舒缓的音乐，效果也是一样的。

总之，单调刺激加高度专注很容易让人进入更深的催眠状态。

专档：自我催眠的深度不重要

由于个体间存在的差异，不同的人所能达到的自我催眠的深度不一样。有些人只能达到浅度催眠，有些人能够进入中等深度的自我催眠，还有些人能到达更深的催眠状态。也许你只能到达较浅的催眠深度，但收获的益处不一定比别人少。催眠大师埃里克森认为，催眠深度已经成为影响疗愈最不重要的一个因素。

● 状态检测

自我催眠练习者常常有个疑惑，我到底有没有进入催眠状态呀？

这里提供一套可操作、可评分的自我催眠状态检测工具。

－ 自我催眠 －

1. 眼皮沉重

暗示语：我的眼皮现在非常沉重，不想睁开，完全不想睁开，但是非常舒服……眼皮好像被胶水黏上了，越是想用力睁开，反而倒闭得越紧……非常沉重，怎么样也睁不开……好的，我现在试一试，睁开眼睛，使劲、再使劲……

评分：

0 分——不知不觉中睁开眼睛。

1 分——眼皮黏住，有沉重感，经过努力还是可以睁开。

2 分——不想睁开眼睛，一直闭着。

3 分——想睁开眼睛，事实上却无法睁开。

4 分——想睁开眼睛，反而闭得更紧。

2. 手臂沉重

暗示语：现在让全身保持放松，以最舒适的姿势坐着（或躺着）。将注意力集中于右手手臂（左利手者则集中于左手手臂）……现在我的右手臂开始有沉重感，整个手臂显得越来越重……更加沉重，非常沉重，整个手臂好像灌满了铅似的。我的手臂现在一点儿也不想动、完全不想动。没法把手臂举起来。我的手臂不能动了，想举起手臂，可是一旦用力，反而更加沉重……我试一试，抬起手臂……使劲、再使劲……

评分：

0 分——没有什么感觉，手臂伸举自如。

1 分——手臂确实有沉重的感觉，不能举高，但努力尝试后，仍可举起。

2分——不想举高手臂，努力尝试，仍举不高。

3分——即使想举高手臂，也举不起来。

4分——想举起手臂，但举不起来，努力尝试后，反而更感觉手臂沉重。

3. 手指交握

暗示语：伸出两手，张开手指，互相交握，全身保持放松状态……注意力高度集中在交握的手指上，不要有任何杂念。渐渐地，我感到手指上的力量越来越大，两手握得非常紧、越来越紧……现在，手指不能伸直，也不能分开，越是想用力分开两手，反而握得越紧……我试一试，试着将两手分开，使劲，再使劲……

评分：

0分——没有什么感觉，随时可以轻松地将手分开。

1分——确实感觉到两手紧握，不能分开，但经过努力尝试，仍可分开。

2分——不想分开两手，也不能分开。

3分——想分开两手，事实上却无法分开。

4分——想分开两手，事实上却握得更紧。

4. 手臂僵硬

暗示语：左手臂侧横举，左手握成拳……手臂伸直，紧握拳头……把注意力高度集中在举起的手臂上。此刻，想象手臂变得僵硬……越来越僵硬……渐渐变硬……变得非常僵硬……手臂已经变得非常、非常僵硬了，好像一根铁棒那么坚硬，完全不能弯曲，一点儿也不能弯曲，越是努力想弯曲自己的手臂，手臂反倒显得越坚挺。……试一试，看自己的手臂还能不能弯曲？……使劲，再使劲……

评分：

0分——没有什么感觉，想弯曲手臂时，可以伸展自如。

1分——感觉手臂肌肉紧张，仍然可以弯曲。

2分——手臂僵直，但是经过努力尝试后，仍然可以弯曲。

3分——不想弯曲，也不能弯曲。

4分——即使想弯曲手臂，但客观上也无法弯曲。

自我催眠状态检测得分统计表

项目＼得分	0	1	2	3	4
眼皮沉重					
手臂沉重					
手指交握					
手臂僵硬					

合计：

经验公式：

0~2分：无反应状态。

3~6分：边缘状态。

7~11分：进入状态。

12~16分：高度进入状态。

5. 成功进入催眠状态信号

从清醒意识状态进入催眠时的意识状态，其间的转变很细微。在最初的一两次尝试中，你可能注意不到这样的改变。对自己有点耐心。

以下是判断自己是否进入催眠状态的三个信号。

留意一下，放松暗示后，你有没有感受到一点变化。例如，你感到自己进入了深度放松的状态。

如果你对身体某处进行了生理感觉的暗示，如凉感、温感、麻木感、轻感或重感，看看暗示有没有生效。

催眠练习时，第一次闭眼前留意一下时间，睁开眼睛前估计大概过去了多长时间。睁开眼，核对一下时间——花费的时间比你估计的长，还是短？对于时间的错误估计是进入催眠状态的一个标志。

● **提高易感性**

以下练习可以培养你的想象能力，进而提高自我催眠感受性。

△ 盯着一个平面几何图案——正方形、圆、三角形或类似的图形。然后闭上眼睛，试图在脑海中浮现出你看到的图形。

△ 观察三维空间里的一个物体，如一个橙子、一杯水或一盏台灯。闭上眼睛，在脑海中想象它的样子。

△ 想象你小时候上课的教室的样子。

△ 回忆一下你的房子，你正在其中，从一个房间走到另一个房间。

△ 在脑海中想象一个你认识的人的样子。

△ 想象你在镜子中的样子。

专栏：对催眠感受性的新理念

长期以来，人们将催眠在临床上的使用和感受性测试的分数联系在一起。在治疗中采用催眠的医生们通常会先给病人做一份这样的测试，来看看催眠成功的可能性有多大。

近年的研究表明，即使是那些感受性测试得分很低的人也能够被催眠。催眠技术的种类不计其数。如果一个人在感受性测试中得分很低，这只能说明他对测试中所使用的技术不敏感，这种催眠技术不适用于这个人。

只要采用合适的催眠技术，大部分人都能够享受到催眠带来的益处。关键就在于找到适合于个人的催眠技术。

想象

曾经的你

你的牵挂

你的所爱

每天做这些练习，坚持一个月。你会发现自己的想象是多么的生动和富有创造性，自我催眠的成效也会随之提高。

● 处理干扰

关于自我催眠的练习，最常被问及的问题是："如果受到外界噪音、无关念头、疼痛，甚至是不安的感觉的干扰，无法进行自我催眠，我该怎么办？"

1. 外部干扰

如果一架喷气式飞机从你头顶飞过，或是一辆大卡车咆哮着从你耳边经过，你是很难集中注意力的。完全避开外部干扰那是最好，但此类令人恼怒的事却无法避免，无论你躲得多远，它们总能找到你。

能不能换个思路，利用这些干扰呢？在感知这个世界的过程中，适时转变观念很有必要。

学习自我催眠，很关键的一点就是要学会用一种全新的视角来看待生活中发生的事。

倘若连续不断地遭受来自空中的飞机，路面上的卡车、小汽车和火车的噪音骚扰，犯不着与它们对抗，你可以利用它们。你需要做一点调整，不要把这些无法避免的噪音当作阻碍，而要当作帮我们进入自我催眠的助手。

如果噪音来自来往的交通工具，可以想象它们在经过时带走了你的烦恼和问题。给自己这样的暗示："当飞机的声音接近时，我可以把所有的紧张和担忧打个包。当声音离我最近时，把这个装满压力和问题的包裹扔到飞机上，让飞机把它们带走。"

进行这样的暗示时，脑海中浮现出飞机、卡车、小汽车或其他任何车辆的画面。想象装满压力的包裹升到了空中，离你远去。当引擎声音渐渐在耳边消失时，想象肌肉中的紧张和压力也随之消失了。

如果正在进行放松训练，则可利用这些声音帮助自己放松。比如：

"外面孩童玩闹的声音和大人们忙碌的声音在提醒我，我也应该花时间来完成生活中重要的事——就像现在所做的——自我催眠。"

"发出隆隆声响的垃圾车不仅能拖走物质垃圾，也能带走精神垃圾。我可以把所有的紧张、压力和问题丢进垃圾桶，让垃圾车拖走。"

"正在工作的空调和暖气发出阵阵声响，改变了我周围的空气和环境。这提醒了我，我也可以利用这段时间进行自我催眠，以改变内在的身心环境。"

"钟的声音让我想到心脏的跳动。可以通过自我催眠控制心跳，把它从白天快节奏的工作中解放出来。"

想象一下你能听见鸟儿们的音乐会。从鸟儿的歌声中寻找与你的目标相联系的地方。例如："就如同麻雀能够自然地唱出曲调一般，我在缓慢地深呼吸时能够自然地体会到放松的感觉。"

如果外面有人活动的声音，可以给自己这样的暗示："我知道进行自我催眠时，没有人打扰我。外面来来往往的人们正忙着他们自己的事情，发出了充满活力的声音。我可能会受些影响，但会重新回到放松的状态。"

如果外面有人上楼梯或电梯工作发出的声音，可以暗示自己："我就像那个正在爬楼的人，也在爬着人生的楼梯。我能够爬得更高，离目标更近，一步一步地，越来越放松。"

"就像电梯载着人们上下工作一样，自我催眠也能带给我不同的体验，带来不同程度的放松。可以想象自己正乘着电梯，在电梯下降的过程中，压力也随之减少。电梯每下一层，肌肉中的紧张就减少了一些。"

再则，与其被声音干扰，不如将某些声响作为催眠后线索。如果所处的环境中会频繁出现某种声音，可以暗示自己不管何时，只要在进行自我催眠练习，一听到这种声音，便会感到放松。

例如，房间里有一个嘀嗒作响的钟，可以这样暗示自己：当我想进入催眠状态时，只要舒适地深呼吸几次，便会知道钟的嘀嗒声正提醒我，内心可以变得平稳和专注。就像钟里松弛开的弹簧一样，我也能获得松弛和放松，并渐渐进入舒适的催眠状态。

总之，不与环境抗争，而是与之取得和谐。

2. 内部干扰

如果说外部干扰还有可能避免的话，那么内部干扰则无可回避。对任何人来说都是如此，对注意力本来就不那么集中的抑郁者更是如此。

与对付外部干扰一样，首先是承认它的存在。想要说服自己摆脱它们没有意义，往往越想忽视它或远离它，越容易注意到它。

如果内部干扰是想得太多，可以用以下的方法来处理。

把干扰你的想法想象成十字路口处来回穿梭的汽车，或人行道上匆忙的路人，然后清点它们。从 1 数到 40 或 50，让自己越来越擅长清点想法。把这些想法分开，而不是将 3 个想法混为 1 个想法。清晰、准确地清点出来，看看一共有多少个不同的想法。

然后，结合这些想法开始缓慢的、有规律的深呼吸。可以在吸气的时候点一个想法，在呼气的时候点另一个想法。在清点的过程中，已将自己导入了催眠状态，这是用勤于思考的大脑帮助自己将注意力集中到一个积极的目标上。

另一种内部干扰是担忧或自我怀疑。试着将注意力集中到自我怀疑上，然后听听心中的声音，或是感受怀疑和担忧。不要对心中批判和怀疑的声音进行判断，更加不要批判，只要耐心倾听，直到了解了担忧和自我怀疑是一种什么样的感受。可以对担忧与自我怀疑表示理解和同情，然后将这种感觉释放出去。

专注地做几个深呼吸。把注意力集中到呼吸上，呼气时把

阳光

温暖

富人

生命一点点

担忧和自我怀疑都释放出去。吸一口凉爽的空气，把注意力集中于内心。做四五次深呼吸，获得一种释放后的轻松感，于不知不觉中，进入自我催眠的状态。

● 进行自我疗愈

我们已经找到了感觉。

我们已经进入催眠状态。

这时，该出手进行自我疗愈了。

这一环节的工作内容是根据事先拟定的目标以及已编撰好的暗示脚本，在潜意识开放的状态下，对自己实施心理暗示，解决抑郁问题（以消除或改善某种症状如失眠、焦虑为目标指向）。

由于这一环节牵涉众多技术性内容，将在专门章节中阐述。

● 自我唤醒

首先，要解释一下在催眠或自我催眠中"唤醒"的概念。有一种对催眠术的错误理解是，催眠术是一种催人入睡的技术。错了！在催眠或自我催眠过程中，如果把人真的搞睡着了，那是一种失败。催眠术不是催人入睡的技术，是将人导入意识恍惚状态的技术。在催眠或自我催眠的整个过程中，被催眠的人从来没有睡着过。因此，这里所说的唤醒，指的是解除催眠状态。

特别强调：你没有睡着，但也需要唤醒。因为唤醒是解除催眠状态。无论自己达到何种程度的催眠状态，甚至看上去几乎完全没有进入催眠状态，自我唤醒这一步骤都必不可少。

有些人在做了自我催眠后有一些轻微的不良反应，如头痛、恶心，原因就是忘记了觉醒程序。

在恢复到清醒状态之前，必须将所有的在自我催眠过程中所下达的暗示解除（催眠后暗示与催眠后线索除外）。

自我唤醒分为四个步骤。

第一步，再次暗示自己身体的各部位感到非常舒适；精神上也很愉悦。

第二步，告诉自己现在手臂沉重……双腿沉重……不想动，也不能动，但是很舒服。马上要把自己唤醒，一旦醒来，我的手臂、我的腿马上就能动，恢复到正常状态。一定是这样的，不会错的……

第三步，给自己下达的催眠后暗示，以及催眠后暗示线索，在醒来以后一定会发挥作用，发挥很奇妙的作用。一定是这样的，不会错的……

第四步，开始数数，从 1 数到 3，当我数到 3 的时候，我就会突然醒来，迅速转移到清醒状态。醒来以后，人会感到非常的舒服。一定是这样的，不会错的……现在我开始数数：1、2、3！

下面是一个自我唤醒的范例：

非常舒服，我现在正沉浸在愉快的自我催眠状态之中。我的眼皮很重，手臂很重，腿也很重，但是非常舒服。额头感到很凉爽，头脑特别清晰，非常舒服……我感到压力困扰正离我而去，好心情如春风扑面而来，这是一种久违的感觉，今天来了，我很开心，真的很开心。

好的，好的，我马上要离开自我催眠，回到清醒状态。再次强调一下我给自己设定的催眠后暗示。晚上，只要我一关卧室的灯，马上就会打两个哈欠，然后上床，一上床就会睡着，肯定是这样的！不会错的！

现在我的眼皮睁不开，手臂和腿也很重，不想动，也很难动。我马上要把自己叫醒，我从1数到3，当我数到3的时候，眼皮立即可以睁开，手臂和腿立即可以动，我将迅速恢复到清醒状态。肯定是这样的，醒来以后，会感到精神振奋，神清气爽。不会错的！好的，现在我开始数数，1，2，3！

八 进行自我疗愈

● 制定明确目标

1. 目标明确而具体

现在请拿出一张纸来，思考一下你想要创造一个什么样的状态或是你想要改变的是什么样的状态。

△ 我想摆脱那令人难耐的无眠之夜，一晚能睡上 3~5 个小时。

△ 我想眼中的世界不再总是灰暗的，而是五彩的。

△ 我想活力重新归来，像我的同龄人一样工作、生活。

△ 我想走出与世隔绝的荒原，也让人走进我的内心世界。

△ 我想能够集中注意力去做一件事，如看书、看电视。

这样的目标就是明确而具体的。诸如"我想摆脱抑郁症""我想我能够好起来"，就显得模糊、不具体。潜意识不知道你想干什么，也没法帮你。

再则，每次利用自我催眠进行的疗愈活动，不应笼统地治疗抑郁症，而应去消除或改善某一个具体症状，如失眠，如缺乏活力，如身体莫名的疼痛。

2. 目标是改善而非颠覆

人类普遍存在理想化的倾向，抑郁者又常常具有完美情结，于是，在设定目标时趋于尽善尽美，结果当然以失望居多。这种挫败感会降低解决抑郁问题的动力，产生"我是没救了！"的错觉，同时又成为一个进一步加深抑郁的负性生活事件。

如果你先前每天只能睡三小时，现在能睡四小时了，这就是一种改善。

如果你先前终日无精打采，啥事也不想干，现在能够干点自己感兴趣的事了，这也是一种改善。

我们所期待的应该是改善，我们设定的目标也应该是改善。改善意味着比以前有所好转；改善也意味着并没有发生根本性的变化，并没有达到最理想的境界。当然，一连串的改善会由量变而发生质变。

3. 找出目标背后的动机

为什么你想要实现这一目标？列出你认为最重要的五条原因。以失眠为例。

△ 失眠之夜是一种痛苦的体验。

△ 好睡眠才能有活力。

△ 好睡眠才有好心情。

△ 好睡眠本身就是一种享受。

专栏：动机的重要性

著名心理学家和催眠治疗师保罗·萨克多特在两组学生中发现了显著的差异。一组是由病人组成的，他们中的大多数人长期饱受疼痛的折磨，他们亟须缓解种种不堪忍受的疼痛，逃离疾病的摧残或痛苦的治疗，如化疗。

另一组则是由对催眠感兴趣的个人组成的，包括医生、治疗师、护理专家。他们学习的目的是丰富知识，增加对催眠的了解。

请你来猜一猜，哪一组能够更快地掌握催眠技术？哪一组能获得更大的成功？

病人组的成员拥有强烈的动机，毫无疑问，他们会学得更快，获得更大的成功。

△ 我想以更好的状态示人。

这些句子有力地表达了动机，同时也向潜意识传递了自己的情绪。

4. 发现和克服障碍

发现障碍——在实现目标的道路上会遇到哪些障碍，列出你能意识到的所有困难。

△ 我常常幻想失眠会自动消失。

△ 安眠药都没啥效果了，我自己的努力会有用吗？

△ 也有人告诉我一些治失眠的偏方，都没什么用。

△ 我容易给自己打退堂鼓，觉得自己无力解决问题。

仔细看看列出的原因，不难发现，所有的障碍都源于陈旧的信念——自我挫败。回避困难、害怕失败、缺乏自觉性、没有动力，这些都是自我挫败的不同表现形式。

把这些障碍列为心理暗示的对象之一。

5. 对目标进行分解

抑郁症不是一天形成的，也不是一天就能解决的。所以，我们要对目标进行分解。

小目标（近期目标）。

中目标（中期目标）。

大目标（远期目标）。

　　将庞大、遥远的目标划分成更合理、更易实现的小目标，你的潜意识也更能接受这个目标，并朝着它努力。同时，在小目标一一实现的过程中，你还能持续不断地体验到成就感、满足感。它们能够增强你的耐力，让你更坚定地去实现下一阶段

专档：爬山法

　　所谓"爬山法"，就是把自己的目标划分为小目标、中目标和大目标。在每一个已定目标完成后及时奖励自己，以提升自信心，坚定意志力。

　　我们都是普通人，当给自己定下一个大的目标时，没法一步登天，所以需要设定小目标、中目标来完成。就像爬山一样，只能一步步慢慢地往上爬。每走一步，就往山顶更接近一些，爬到了山腰，也就达到中目标。继续一步一步向前走，最终登上山顶。

的目标。

6. 制定实现目标的时间表

实现目标，要有个时间表，要有个进度。

这是一种期盼，也是一种督促。

时间表中分别列出实现小目标、中目标、大目标的起始时间与终结时间。

这个时间表不是一成不变的，根据实际执行情况，适时进行调整。

7. 将目标可视化

把设定的目标由文字转化为场景——可视化的场景。生动的画面会让你的目标显得更为清晰，也更为亲切。

假如你的目标是减轻体重，可以想象自己已经瘦下来了，正在试一件裙子或西装，衣服的大小正符合理想中的尺码。想象自己正站在镜子或窗子前的画面，和你希望的一样，身材看起来苗条又匀称。

假如你的目标是克服失眠，可以想象自己的失眠状况已有了很大改观，只要一躺到床上，就像多年前在美丽的景区度过的一个非常宁静安详的夜晚，那晚睡得很深、很甜。

潜意识拒绝说教，而听命于形象。

8. 目标实现后的自我奖赏

一个一个小目标实现后，应该犒劳自己，奖赏的项目依自己的喜好而定。

奖赏可以是任何一件令你感到快乐的事或物，但也要注意避免使用可能会使我们功亏一篑的奖赏。例如，减肥的阶段目标达成后，你可以奖赏自己看一场电影，或买一件漂亮的衣服，而不是去吃一顿大餐；改善睡眠的小目标实现了，可以奖励自己一次旅行，而不是参加通宵派对。

专栏：丘吉尔的最后一次演讲

丘吉尔的最后一次演讲，是在剑桥大学一次毕业典礼上。这位举世闻名的政治家、外交家和诺贝尔文学奖获得者，究竟会对即将走向社会参加工作的大学生们提出什么宝贵的忠告呢？全校师生热切地期盼着。

丘吉尔走上讲台，脱下大衣，摘下帽子，注视着所有的听众。他用手势止住掌声，铿锵有力地说了四个字："永不放弃！"

说完，丘吉尔穿上了大衣，戴上了帽子，走下了讲台。这时，鸦雀无声的会场突然爆发出雷鸣般的掌声。

● 掌握疗愈工具

在本方案中，疗愈的主要工具是暗示，即心理暗示。

先对我们的工具——心理暗示作一番了解。

1. 暗示界定

所谓暗示，即指用含蓄的、间接的方法，对人的生理、心理状态产生直接而迅速影响的过程，这种影响是深刻而有效的。

专栏：他中毒了吗？

藤本上雄先生所著《催眠术》一书中还记载了这么一件趣事：他的一个同学，有一年开车去瑞士旅行，车行至山中时感到口渴难耐，就在路边秀丽而清澈见底的湖中用手捧水喝。喝完水后，偶尔一看，发现告示牌上用法语写着什么。他不懂法语，但看到上面写的句子中有一个词为 poisson，与英文中的词 poison（毒）

很相似，他就以为这个告示牌上一定是写着"此湖水有毒，不能饮用"的字样。于是心情骤然变坏，整个人都觉得不对劲，头晕眼花，脸色苍白，直冒冷汗，呕吐不已。好不容易来到了附近的一家旅馆。他立即恳求旅馆老板去请医生，并向老板叙述了喝过附近湖水的事。老板听了这番话，哈哈大笑起来，说那是不准捕鱼的告示，法文中的 poisson 一词是"鱼"，比英语的"毒"（poison）一词多一个 s。听完老板的说明，他的病马上就好了。

2. 暗示的种类

直接暗示与间接暗示。

无意暗示与有意暗示。

他人暗示与自我暗示。

言语暗示与非言语暗示。

3. 暗示的特点

普遍性。受暗示性是人类普遍具有的一种心理属性，这种属性与生俱来。世界上也存在着无数对人类构成暗示的刺激物。"颜色、语言、声音、嗅味,都可以对我们构成某种暗示,形成某种观念,转化为一定的行动或产生某种效果。"

双重加工性。理性知觉通道与非理性知觉通道同步加工,配合默契,可产生最佳的暗示效果。

直接渗透性。暗示可直接渗透潜意识中。这种渗透似乎是自动产生的,其实现过程极为迅速、灵活、明确,充分体现了活动的"经济性"。

效果累加性。暗示是一种能力,经由训练而敏感化。多次接受暗示,会使受暗示刺激发生作用的时间缩短,影响加深,效果累进。

主动性。暗示的本质是自我暗示,甚至有学者宣称:暗示是没有的,有的只是自我暗示。

差异性。暗示效果存在很大的个体差异性,每个人的受暗示性不尽相同。在性别上,女性比男性更易接受催眠暗示。在年龄上,年轻人比老年人更容易接受暗示。

4. 暗示的功效

大部分抑郁症患者都通过各种途径掌握了有关抑郁症的知识。

大部分抑郁症患者都希望改变自己的现有状态。

可是他们做不到这一点,问题在哪里?

因为所有心理疾病的根源都在潜意识中,抑郁症也概莫能外。

暗示能够进入潜意识,与潜意识对话,改变蛰伏于潜意识中的各种情结。

这就是暗示独特而无可替代的功效，这就是我们把暗示作为改变抑郁状态工具的原因所在。

5. 暗示与意象

意象，即经由想象而创造出的"心理图画"。意象是潜意识的语言，与潜意识对话，最好的方式就是通过意象。潜意识用图像和符号进行编码，对图像和符号最为敏感。亚里士多德说过："灵魂的思考无一不涉及画面。"

每一个暗示脚本都少不了意象这一要素。你所运用的意象越具体、越生动、越贴切，治疗的效果就越好。

专栏：意象与癌症治疗

许多实验表明，可以利用意象来对抗某些疾病。其中最著名的要数放射肿瘤医生卡尔·西蒙顿和他的妻子——心理学家斯蒂芬妮开创的视觉意象在癌症病人治疗过程中的应用。

西蒙顿夫妇先是教病人使用渐进式放松法来达到放松的效果。他们要求病人想象身体里每个部分的肌肉的画面，然后将积聚在其中的紧张释放出来。

当进入深度放松状态时，病人的脑海中出现这样一幅画面：体内的癌细胞变得非常脆弱和渺小，而自身的白细胞和免疫系统变得非常强大。医生鼓励他们将自己的免疫系统和抵抗力想象成勇猛有力的战士，将癌细胞和肿瘤想象成弱小的动物，如蛇或蛤蟆，强有力的勇士一定能够击溃它们。

有一个观点是非常合理的，就是你潜意识中对待疾病的态度，在很大程度上决定了你能召集多大的内部力量来对抗由这个疾病带来的病毒、细菌或肿瘤。意象能够帮助你在潜意识中树立起积极的、想要康复的态度。

西蒙顿夫妇的两个同事——心理学家珍妮·阿赫特贝格和弗兰克·劳利斯进一步研究了意象结合传统疗法在癌症治疗中的应用。

他们的病人当中有一位得的是胰腺癌，治愈的概率只有5‰。他将体内的癌细胞都想象成刺猬，将自身的白细胞想象成大批身着白衣的骑士。骑士们发起集体进攻，用他们的长矛刺杀刺猬，每个骑士都要完成一定数额的战斗任务。

在治疗过程中，这个病人曾观察到自己的白骑士们正在消失，而此时的血液检测发现他的白细胞数量正在减少。得知这一情况后，他决定增强白骑士们的武器装备。不久，他的白细胞数量稳定了下来。

一段时间后，病人汇报自己的白骑士们几乎很难再搜寻到刺猬来完成每天的战斗任务。他们不得不晃动所有的小灌木，把仅剩的一点儿小刺猬驱赶出来。一周后他的超声波检查结果显示，病人体内的肿瘤已不复存在。

癌症是一种复杂的疾病，而一些心理学的方法如催眠能够帮助病人更好地接受他的病情。而且它作为一种辅助手段能够让病人放松，对正规的治疗很有帮助。当然，在治疗癌症或相关疾病时，不能仅仅使用自我催眠。

在催眠暗示中，意象是强有力的工具。脑海中的一幅画面可能抵得上几页纸的说教。意象的作用如此强大，原因就在于它是你脑海中的产物。你亲自创造了它，从自己所有的记忆、经历和念头中搜罗信息，集合成了这些意象。你是在用潜意识的语言对自己提出转变的要求。

第一，意象有多种形态。

人们运用得最多的意象是视觉意象，即通过可视化想象而产生的意象——画面。其实，意象还包括听觉意象、嗅觉意象、触觉意象、味觉意象。

每个人在观察世界和接收来自这个世界的信息时都有自己热衷的方式。每个人都有五种感觉通道，但它们有着不同的价值和重要性。这一结果的产生通常是无意识的——在我们很小的时候，于无意识中养成了对某种感觉通道的偏好。

有些人可能对视觉刺激更加敏感或更容易接收来自视觉的信息，并不是很关注听到的东西。这些人对来自动觉的信息可能就更不敏感了。

没有人只使用一种感觉通道，五种感觉通道都会派上用场。但大多数人对其中一种感觉通道更加敏感。

视觉偏好的人常常更关注意象看起来是什么样。听觉偏好的人可能会接收更多的声音信息，对意象中的声响、人物的话语更敏感。动觉偏好的人则很容易受生理感觉的影响，在意象当中更乐意去感受和接触事物。

既然意象有多种形态，而每个人又有自己的偏好，我们就要找到自己的偏好，让意象更符合自己的口味，还可以为同一目标设置来自多种感官的意象，从而创造出最优质的意象。

第二，意象要与自己的生活经历相结合。

为什么暗示脚本不能有通用版？那是由于每个人的生活经历不同，适合于这个人的意象不一定适合另一个人。

意象，只有与自己的生活经历相融合，才鲜活，才灵动，才有生命力，才有效果。

可以从自己的经历、回忆、书本、杂志或电视的图片中寻找内容，加以借鉴，创造出新的暗示和意象。自我催眠之前，你可以在脑海中反复进行可视化想象的练习。

例如，你最近经过一个位于市中心的非常繁忙的地段，看见一家安静的小店，或是你还记得在购物中心看到了一间特别的店面，比较安静，也不那么忙碌。每次自我催眠时，你也可以拥有这种安静、悠闲的体验。

想象一个小孩制作模型飞机用的橡皮泥，也许你还能感受到自己正像个孩子似的玩着。在脑海中虚构这样的情景——一段很大的打成结的橡皮泥慢慢松开，恢复到原来的形状。用这一意象来表示释放了肌肉中的紧张。

想象一片树叶飘落到了平静的湖面上。看着这片树叶，从30 倒数到 1。慢慢地数，每数一个数时想象着叶片漂流到了河口或寂静的小海湾，你独自一人，没有任何人会打扰到你。

你倒数数时，叶片也在往下游漂流，心头的烦恼、焦虑、压力也离你而去……

　　将这些画面与生活经历结合起来，使其尽可能地生动和现实。让意象调动所有的感官，想象周围的景色、河水的味道或海水与空气的味道，想象水声、风声和鸟鸣声，想象河水的凉爽、阳光的温暖和微风拂面的感觉，所有这一切都是你曾亲历的，熟悉的。

　　从自己的生活经历中去发掘材料，并把它们融入意象当中。如果你愿意花费一点时间和精力，让催眠方法更加贴近自己的生活，那将能更快地实现自己的目标。

　　第三，意象与目标之间要有逻辑关系。

　　可能有一个你很熟悉，甚至感到很亲切的意象，但它与目标之间不存在逻辑关联，这样的意象，要忍痛割爱。如果不存在关联，在潜意识中就没有说服力，就不能达成目标。潜意识比意识更容不得牵强附会。

　　如果设定的目标是要集中注意力、提升抗干扰的能力，意象可以是这样的：

　　　　当我坐下来开始打牌时，可能会遇到很多的干扰，如外面可能在刮风、下雨或下雪，门敞开着，一阵风吹来可能会将牌吹乱。我可以把门关起来，关上门可以把风、雨、雪统统挡在门外……

　　　　下一次我走进房间或某个地方打算打牌时，或是在任何我想排除干扰的时候，我会注意随手把门关上。我可以像平常一样说话和聆听，一切可能的干扰都像风和雨一样被关在了门外。我甚至期待此时出现一些干扰，因为经过

春风化雨
随风而去

对比更能看出我的专注程度，更加享受此时的专注。

这个关门的意象就很得体。门本来就起到一个隔离的作用，物理世界中的门可挡风、雨、雪或各种噪声；心理世界中的门则可将一切内外干扰拒之门外。如果用一个花园的意象来提升注意力、防止外部干扰，无论是意识还是潜意识都很难被说服。

6. 暗示的障碍

人类具有本能的受暗示性，同时也具有普遍的反暗示性。

专档：他举起了 564 磅

在 1976 年夏季奥运会上，有那么一分钟，全世界数百万人都屏住呼吸在电视屏幕前观看着。瓦西里·阿列克赛耶夫弯腰去举任何人从未举过的重量。当阿列克赛耶夫成功地站起来以后，胳膊伸直，把那千钧重量高举在头上时，人们才在雷鸣般的欢呼声中舒了一口气。在举重界，500 磅的重量一直被认为是人类不可逾

越的界限。阿列克赛耶夫以及其他人以前都举
过离这个界限相差无几的重量，但从未超过它。
有一次，教练告诉他，将要举的重量是一个新
的世界纪录：499.5磅。他举了起来，教练称
了重量，并指给他看，实际上他举起了501.5
磅。几年以后，阿列克赛耶夫在奥运会上举起
了564磅。

这种反暗示性可能来源于自我保护的本能、自由的意识、个人的习惯、个性特征以及各种理性的思考等。主要表现为个体对暗示刺激具有认知防线、情感防线与伦理防线。暗示能否奏效，取决于能否克服这些防线的阻碍。克服的办法不是强行突破，而是与之取得协调。

7. 催眠后暗示

如果仅仅在催眠状态中有着良好的体验与改善，那这项工作的意义就不是很大。我们不可能总是沉浸在催眠状态中，更需要的是在现实生活中的积极变化。

有一种方法可以解决这个问题，那就是采用催眠后暗示。

"催眠后暗示"指在催眠状态时，催眠师对受术者施以暗示，要求受术者按照催眠师的指令，在醒后的某个时刻执行某种行动。当受术者清醒以后则会忠实地执行这个指令，无论这个指令有多么的荒诞，受术者也会照做不误。专栏《奇妙的催眠后暗示》将对这一现象详尽描述。

催眠后暗示的奇功异效不仅可以表现在催眠师的催眠施术过程中，同样也可能表现在自我催眠之中，这么有效的工具，一定要用好、用足。

专栏：奇妙的催眠后暗示

在行将结束催眠，将受术者唤醒之际，催眠师对之进行了"后催眠暗示"，指令他在清醒以后要做两件事。第一件事是在当天晚上一定要打桥牌，而且在打前三把牌时，无论手中的牌型与点数如何，都必须叫到"满贯"。第二件事是在第二天晚上的联欢会上，一定要上台唱歌，并且要唱催眠师所指定的那一首歌。催眠师在施行"后催眠暗示"时，还对受术者说：

"这两件事情你必须做到，如果不做，你会感到无比的痛苦和焦灼。"

稍有桥牌常识的人都非常清楚，打桥牌必须遵守严格的规则，任何即兴式的胡来既是犯规，同时还会输得一塌糊涂。显然，在上述"后催眠暗示"中要求受术者所做的第一件事的指令是荒谬而违反常识的。那么，已经转为清醒状态的受术者是怎样执行这个指令的呢？我们耐心地等到晚上，看到了这样一个有趣的景象：精神饱满、神气活现的受术者尽管已经脱离催眠状态，恢复了清醒状态，但到了晚间坐下来打桥牌时，他的面部表情悄悄地发生了变化，似乎又返回到催眠状态那样，目光呆滞，面色木然。第一把牌由他首先开叫，他手中的牌数共有12点。他以"强二"开叫，对手实施阻击叫。他的合作者牌的点数只有3点，只能"pass"。他一旦开叫后，便一意孤行，坚决要到"满贯"方肯罢休。在第二把、第三把牌中他更为荒唐，手中牌数不到 6 个点，依然牌叫"满贯"，结果只能以大败而终局。令人叫绝的是，在前三把过后，他就从迷惘状态中解脱出来，不仅面部表情正常如初，而且叫牌、打牌严格遵守规则，思路缜密，攻防有序。

当第一个后催眠暗示准确无误地验证之后，我们想进一步探究后催眠暗示的力量，于是故意询问受术者，"催眠师要求你明晚上台唱歌，你能不唱吗？"受术者哑然一笑，说道："我的行动受我自身思想、理智的控制，我要不唱当然可以。"谁知，次日的联欢会刚刚开始，这位受术者便急不可耐地站起来唱了催眠师指定要他唱的那首歌。我们还想上前阻止他，但他哪里肯听，放开歌喉，唱出了一首动听的歌。

"催眠后暗示"不仅能够几乎毫不偏差地实现，而且在时间上还具有高度的准确性。我们有一次告知一位受术者，在她醒来以后会十分口渴。她醒后主动要求我们（和她并不熟悉）给她倒杯水喝。这一举动不仅实现了，而且在时间上，几乎不差分秒。在有关材料中曾报道过这样一个催眠实验。催眠师向受术者下达指令："你醒来后 5947 分钟时，把自己的姓名、年龄、职业等写到纸条上，送到我这里来。"这位受术者醒来后，对该指令不知晓，也不必看表，但到了规定的时间，果然一一照办。前后相差也只不过几分钟而已。我们说，几千分钟的时间误差了几分钟，大致可以忽略不计了。催眠术中的"后催眠暗示"究竟能有多长的效应期呢？目前尚未有明确的定论，但根据我们看到的资料，"后催眠暗示"的最长效应期可达一年之久。也就是说，今天给受术者下达暗示，可以让他明年的今日准确无误地执行。

"后催眠暗示"为什么能在时间上达到如此之高的准确性呢？我们认为，可能是由于催眠拨动了受潜意识控制的人体生物钟。这种生物钟就像机械闹钟一样，到了预定的时间，潜意识便会发生信号，提醒受术者去执行在催眠状态中已经接受了的行为指令。

凡接受"后催眠暗示"，并执行这个暗示的受术者，通常在他清醒时都意识不到这个暗示，但一到指定时刻却又会准确地执行。在一次催眠实验中，催眠师暗示受术者，在他醒来以后，看到催眠师第 9 次把手放入口袋里时，便去打开窗户。受术者被唤醒以后，催眠师与他随意闲聊，并不时地把手放进口袋里，恰好到第 9 次时，受术者便起身去打开了窗户。当询问他为什么要开窗时，他回答说屋内的空气太闷热了。其实，当

时屋内并不闷热，相反，还挺阴凉的。在这个过程中，可以明显地观察到受术者在时刻地注意着催眠师的动作，但当询问受术者是否接受过这种暗示的指令时，他矢口否认。

读者也许以为上面描述的现象类似于天方夜谭。实际上，不仅上述现象的确客观存在，还有一些更为奇特的"后催眠现象"。

苏联《社会主义工业报》中一篇介绍催眠术的文章提及，催眠师对一位受过高等教育的科技工作者实施了催眠术，并暗示他，要以比平时加倍的速度完成一系列的实验并记录其实验结果。于是，在这之后，他便变得急如星火地工作，好像确定生活在加快了的时间里。在隔音室内，他一天干的工作通常比在实验室干的多一倍。并且，一昼夜的时间里他两次躺下就寝。

不仅如此，这位受术者的呼吸也变快，脉搏跳动次数增多，新陈代谢大大加剧。这不是自测或直觉观察的结果，都是经过仪器精确记录下来的，他的生物节律确实在加快。

其他许多人也参加了类似的实验，在他们身上也取得了大致相仿的结果。由此可见，这并非是个别的、偶然的现象，而是具有普遍性的意义。鉴于此，研究人员改变了实验的方向——暗示被催眠者时间过得慢一半。其结果是人们开始不慌不忙地行走，说话拖长音，马马虎虎地工作。他们身体的新陈代谢也变得缓慢起来，生物节律明显放慢。在他们身上，正常的时空概念失去了应有的效应。

第一，催眠后暗示的作用。

催眠后暗示可以帮助你在下一次自我催眠中快捷地进入状态。

专栏：黄色热气球

在琼的自我催眠中，她为自己建立了一个催眠后暗示，每当她想重新进入催眠状态时，她就会闭上眼睛，然后在脑海中看到一只巨大的黄色热气球。接着进行几次深呼吸，从5倒数到1，她便进入了恍惚状态。那天晚上她回到家，尝试了一下。她在脑海中看到了那只热气球，还未倒数到1，她便感到很放松，手开始发麻——这是她在催眠后会产生的反应。

催眠后暗示可以扩展自我催眠的功用。

有了它，你可以在任何时候改善自己的行为表现，而不仅仅在自我催眠的过程中。在自我催眠中，你成功地让自己产生了某一动作或反应，这些都深植于潜意识之中。到了非催眠状态下，记忆和成功经历激发潜意识，使你产生同样的动作或反应。

假设你自我催眠的目标是获得放松和降低紧张水平。在催眠状态下，你很平静、很放松。但是当你回到工作中，面临着一个高压情境时，你会有什么样的反应呢？你可能会感觉到呼吸越来越急促，心跳也越来越快。你可能没有办法跟老板或顾客提议——"请稍等一下，我需要几分钟来个自我催眠，我过一会儿再回来。"

但是如果在此之前的催眠中，你给了自己一个催眠后线索，情形将大不相同。可能还没等到有人察觉，你已经成功消除了紧张。

比如，在自我催眠中你可以将深呼吸和放松联系起来，深呼吸便成了一个线索。任何时候，只要来几次深呼吸，你便能重新获得平静和放松的体验。

或者你可以将掰直回形针这一动作作为催眠后线索。在催眠状态下，将掰直回形针这个动作与松弛肌肉、消除紧张联想到一起。之后，只要你将回形针掰直，这一动作便能激发你内在的放松反应，从而达到释放体内压力的效果。

第二，催眠后暗示的执行。

首先介绍一个概念：催眠后暗示线索。催眠后暗示线索可以是任何动作、念头、语词、画面或者事件，在非催眠状态下它们也能让你产生催眠暗示时的反应。反应包括动作、感觉或内在的生理改变。

催眠后暗示的实施必须有一个明确的催眠后暗示线索。

这个线索应该是非常具体十分清晰的。它通常是一个意象，一个画面，一种动作。比如，清清嗓子是排除干扰的一个线索；把衣服扯直的举动是集中注意力的线索；关灯是进入睡眠状态

专档：关掉台灯之后

吉利是一家公司的主管，他夜里很难入眠。于是，他在自我催眠中反复地给自己暗示，只要他关掉卧室的灯，打完几个呵欠，便能感受到睡意。

在最初的几周，他有意识地重复这一线索。在自我催眠中，他有规律地重复地对自己进行暗示。他的睡眠质量渐渐地提高了，每次就寝后便能很快睡着。

过了几周后，他只是偶尔地强化他的催眠后暗示。再后来，他已经忘记了关灯是催眠后线索这回事，只不过每当关掉床边的台灯时，他都会自动地打呵欠，要不了多长时间，他便呼呼大睡了。

的线索。

这个线索应该是你非常熟悉的。前面说到的那位琼女士，帮助自己快速进入自我催眠状态的催眠后暗示线索就是巨大的黄色热气球。她选择巨大的黄色热气球作为催眠后暗示线索是因为童年时期曾经在一个狂欢节上搭乘过这样的黄气球，这个气球载着她升上了100多英尺的高空，由于被地面的一根粗绳索系着，气球仍然很安全。这一经历让琼很兴奋，她至今记忆犹新。黄气球成为催眠后线索，它引发琼体内原本就有的一种反应，进而帮助她快速地重新进入催眠状态。

这个线索应该与你想要实现的目标有着某种逻辑关系或顺序关系。比如，吉利选择关灯和打呵欠作为线索，对于睡觉这个目标来说非常合适。同样他也可以选择喝牛奶、打开电热毯或脱掉睡袍作为线索。这些也都和睡觉有关联。如果他使用关闭车库的门或洗盘子作为催眠后线索，效果可能会有所不同。这些动作与睡眠几乎没有共同点，两者之间也没有逻辑上的先后关系或其他关联。

第三，使用催眠后暗示应注意的问题。

重复是催眠后暗示、线索与潜意识之间的黏合剂。

在暗示生效之前，至少对自己进行6~8次的重复暗示。如果你想要利用催眠后暗示达到迅速进入睡眠状态的效果，那你至少要提前一周进行练习。经过重复，暗示会变得非常深刻，在意识层面你可能会忘记自己曾给出的线索。但即使是这样，潜意识仍然牢牢地记得根植于其中的催眠后暗示线索。

对催眠后暗示进行可视化想象。

进行催眠后暗示时（其实在进行其他暗示也应该这样），对画面、动作或者想体验的感觉进行可视化的想象，尽可能使想象生动逼真和细节化。向自己描述一幅画面，丰富画面中的色彩、气味、声音、事物的质地和触感、人物的话语和感受，暗示会因此变得更加具体，更加有效。

要有明确而强烈的动机。

如果想从催眠后暗示和催眠后线索中获得最大的收益，得有明确而强烈的动机。弄清楚为什么要建立起这样的催眠后暗示，是不是真的乐于接受它们？弄清楚想在什么情境下做出改变，想要实现怎样的改变？在上文吉利的例子中，他想要改善自己的睡眠质量，有一个强烈的动机——休息的需要。

建立多个催眠后暗示和催眠后暗示线索。

建立四五个催眠后暗示和线索，帮助自己实现行动和情绪上的改变，也可以发展一系列的线索来实现和强化这种转变。

△ 当你已经能够习惯性地对线索做出反应时，会发现自己能随时实现想要的转变，并且在其他情境下也能做出这样的转变。比如，能够在打牌时集中注意力，同样通过对线索的反应，也能在其他情境下集中注意力。重复能帮助你实现这一目的。和所有技巧的学习一样，熟能生巧。

△ 每次自我催眠练习结束之前，给自己一个催眠后暗示，使你在下一次练习时能更快、更容易地进入催眠状态。寻找一些适合用作线索的符号或标志，就像前文中琼所做的那样，为自己找一个生动的意象，每次练习时都重复这一暗示，它将使你更易进入催眠状态。

专栏：秘密抽屉的暗示

唐是一家大型印刷公司的销售员。他的紧张和重压来源于一天里的大量工作。唐说："我真的宁愿在某几天能被催眠8到10次。当我在办公室时，好多问题都来麻烦我。现在，在我办公桌的左下角有个抽屉专门容纳这些问题。"

在自我催眠中唐给自己设置催眠后线索，任何时候有问题出现，给自己带来压力时，他就将压力放进那个抽屉。唐说："我写下一个人名，或一份报告，或一个供应商的名字，有时候就用一个单词来描述这个问题。然后我做两次深呼吸，打开抽屉，将纸张和紧张通通放进去。有时候，我能'看到'自己把即将到来的头痛也放了进去。当我关上抽屉时，所有的痛苦都被丢进了里面。"

他每个星期清理一次这些纸张，给新的宁静和放松腾出空间。他还在公文包里准备了一个文件夹，防止自己在外出时遇到这种情境。

你可能想修改这一技术，使之适用于自己。选择一个抽屉，可以是家中的碗柜或办公室里的办公桌，把抽屉腾空来放置你的焦虑和压力。当你关上抽屉时，多余的压力就留在那儿了。发挥你丰富的想象力和可视化想象，让压力渐行渐远。

● 制作暗示脚本

催眠中的心理暗示以及催眠后暗示需要一个载体，这个载体就是暗示脚本。它是治疗你的疾患、解决你的问题的"药"，与其他药的不同之处在于，这剂药要你自己来调配。别人可以提供模板，你也可以参考模板，但必须由你自己去调配，这剂药才能成为"灵丹妙药"。

用别人家的钥匙开自家的锁，把门打开是小概率事件。

1. 暗示脚本的程式

第一步：再次体验并强化进入自我催眠状态后的各种愉快、舒适感觉。

第二步：呈现问题场景（在头脑中用画面形式呈现所要解决的问题，如失眠）。

第三步：对问题场景进行积极的、正面的分析与解读。

第四步：呈现积极意象（期待中的心理图画，即目标）。

第五步：体验在积极意象中的我所享受到的快感（脑海中、身体里、精神上）。

第六步：预留催眠后暗示线索。

2. 暗示脚本的语言要求

使用现在时

用现在时态来组织暗示语，这一点非常重要。如果对自己说："我将完成我的网站。"就有可能把完成网站这件事无限地往后拖延。你不妨换一个更为有效的暗示指令，如"我正在成功地设计着我的网站"。

使用清晰、简单的语言

当你和潜意识对话时，请把它当成一个天真的孩子。最好的语言应该是简单、直接、清晰并易于理解。别兜圈子，别绕弯子，别含糊其词，别故作深奥，请有话直说。

使用简短、中等长度的语句

短句通常比较清晰，易于理解，同时听起来也更有力。句子越长，意思便可能越复杂，越难理解。你在写暗示语时要避免这种长句子，尽量使用短的和中等长度的句子。

使用能够激活想象力的词语

在撰写脚本时，尽量选取那些令人激动的、强有力的，能激活你的想象力，能震动你的心弦的词句。记住，潜意识是你的想象力和心灵居住的地方。使用形容词时，可以使用绝妙的、惊叹的、完美的、了不起的、梦幻般的、伟大的……当念叨着这些词的时候，感受它们穿过你的整个身体，渗透到每一个细胞当中。这些感受会向你的潜意识传递强有力的信息。

使用积极、正面的语言

积极的语言能够促成你所期待的改变。不要使用带有自我挫败色彩的语言，因为它们会提醒你的潜意识，让它想起旧的信念系统，而这可能正是你想要改变的。例如，与"我的注意力不再涣散了"相比，"我是一个能量强大的磁场"这个暗示就要好得多。此外，在任何语言中，"我是"（I am）两字最具创造性。"我是"是一种有力的宣言，它反映此刻的你决定成为一个什么样的人。

符合现实

如果意识不相信你对潜意识做出的种种暗示，那么这些暗示很难起作用。因此，给自己提出的要求，是通过努力可以做到的，而不是通过努力也不能做到的，也不是不经努力就能做到的。

重复的力量

在暗示脚本中，关键的诉求可以多次重复。每当你重复愿望时，你的潜意识都能听见。重复的次数越多，潜意识就越有可能发挥作用，帮助你去实现它。特别是当你坚定、自信地重复这些愿望时。了解这一点很重要。当陈述愿望时，潜意识能识别出你所倾注的力量，它也会相应地做出反应。在暗示脚本中，可以用多种不同的方式来重复陈述你的愿望，记住，要使用积极、有力的语言。

在自我催眠状态中，可以充分发挥自己的想象力，自编、自导出剧情精彩、画面生动的小型迷你电影。通过这样想象美好的场景，能够获得积极情绪的体验，解决你所面临的问题。

3. 制作录音材料

自我催眠术是一种非常个性化的操作过程。每个人对环境、语气、音调、音乐、暗示语、时间等方面都有各自的要求和最佳适应度。虽然使用买来的商业性光盘也很好，因为它是由专业的催眠治疗师编写而成，能给予你正规的指导，而且方便、省事。但是这种光盘很大众化或普遍化，只有自我制作的催眠录音带才能个性化，符合自己的要求，特别针对自己的目标设计，效果会更显著。

把编制的脚本制成录音，作为自我催眠时的催眠指令和暗示语，可以帮助你专注地进入自我催眠状态，下面说说制作录音材料时要注意的问题。

掌握最佳的音调和语速

音调平和，有自信。注意抑扬变化，不要太低沉，也不要太高亢。朗读脚本的速度不能太快，比你平时讲话速度慢三分之一。

当然，不要把这些建议当教条，自己感到最合适是唯一的标准。

选择自己喜欢的背景音乐

音乐对人类行为有很大影响。快拍音乐能使我们警觉和清醒；缓慢、宁静的音乐能使我们平静、肌肉放松。自然界的韵律同样令人觉得非常安详、振作和轻松。从海洋里散发出来的哗啦声、叽叽喳喳的鸟叫声、雨声、风刮过树林的沙沙声以及松鼠的鸣叫声等，这些声音对我们都有一定的影响力。

同样的道理，根据自己的喜好去选择！

九　暗示脚本范例

这里提供若干个暗示脚本范例。

供参考！谨供参考！

再次强调：你必须有自己制作的、针对自己问题、符合自己生活经历的暗示脚本。

● 心境低落

现在，我感到手心发热，额头凉爽……这是一种美好的感觉，让我再仔细地品味一下……吸气……尽可能憋住……一点一点慢慢地吐出来……感觉非常美妙……

仿佛自己处于一个宁静的大森林里，穿过林间小道，周围弥散着清晨的雾气……深深地吸了一口清新的空气，感觉自己的心理能量在膨胀……慢慢地往前踱步，抬头观看在蓝天飞翔的白鸽，感觉自己的心灵也在放飞……

大自然是那样的美，为什么我以前就没有看到呢？

不！不是没有看到，而是视而不见。我平时的心境太灰暗了。

一位心理学家告诉我，你有什么心情，世界就是什么模样。

我若有所悟，想起了鲁迅先生小说《故乡》中的一段景色描写：

> 我冒着严寒，回到相隔二千余里，别了二十余年的故乡去。
>
> 时候既然是深冬；渐近故乡时，天气又阴晦了，冷风吹进船舱中，呜呜的响，从篷隙向外一望，苍黄的天底下，远近横着几个萧索的荒村，没有一些活气。我的心禁不住悲凉起来了。

其实，这不是真实的景观，而是鲁迅先生心境消极的折光反映。

我又何尝不是如此呢？

我为什么看不到大自然的盎然生机？

我为什么看不到人世间的亲情温暖？

我为什么看不到事物发展的积极面？

我为什么看不到自己有能力应对生活？

问题的根源就在我自己的消极心境。就是它，搞得我萎靡不振、懒散无力、陷于被动，严重影响我的生活质量与工作效率。

今天我明白了，只要我换个角度看世界，世界就是另外一番景象。好比是摄影中的取景，换个视野就是别样的风情。今后：

如果我看到冬日的萧瑟，我会想，其实这里面蕴藏着万物的生机，春天一到，就会蓬勃生长。

如果我看到落花流水，我会想，花落自有花开时，何必伤感?

如果我看到秋雨连绵，我会想，静坐家中，捧一杯香茗，看窗外细雨，多么富有小资情调。

如果亲友有三五天没给我电话，那是他们想让我安静地生活，免受打扰。

如果领导对我有点严厉，那是他看重我，想培养我。

如果生活中、工作中有些挫折，它既是不可避免的，也是对我心智的一种磨砺。

我发誓：今后再也不死心眼了，遇事换个视角看世界，充盈我内心世界的一定是正能量!

再做两次深呼吸。吸气……尽可能憋住……一点一点慢慢地吐出来……我感觉格外放松了……

脑海里出现一个画面：

我坐在办公桌前，桌子上有一盒水彩笔。它有着各种各样的颜色。我随意一支支取出，在一张 A4 纸上涂鸦。

褐色的、灰色的、黑色的，嗯，这些象征着我过去的心境。

再来，还有大红的、翠绿的、鹅黄的……这些象征着我现在的心境。

也许今后还会有心境不好的时候，但只要我拿起大红的、翠绿的、鹅黄的水彩笔，在一张纸上随便写写画画，我的心境立马就能好起来，肯定是这样的，不会错的！

专栏：随意涂鸦 描述心境

在一张白色的纸上，有勾勒好的人体线条图，你每天用水彩笔把这线条图涂满。自定义不同颜色所代表的心境。比如：

黑色代表心境极其恶劣；

棕色代表心境比较恶劣；

灰色代表心境较差；

黄色代表心境一般；

绿色代表心境较好；

红色代表心境很好。

什么颜色代表什么心境完全由自己决定。这种涂鸦是一种描述，是一种记录，也是一种宣泄。自我催眠做了一段时间之后，你就会发现代表良好心境的色彩变得越来越多。

● 心理困扰

我现在正在彻底地放松，已经进入自我催眠状态，所有的注意力都集中在我的内心，我能够完全地控制自己……

我正走在一条田园小路上，完全被周围的自然风光所吸引，道路两旁的树木郁郁葱葱，星星点点的野花点缀着开放在绿茵茵的草地上；天空湛蓝，万里无云，阳光明媚，我脚步轻盈地走着，心情愉悦极了……沿着小路继续往前走，边走边唱，我的声音非常美妙和动听，感到在这里非常放松和自由自在，就好像完全忽略他人的存在……

我继续往前走，在小路的前方有许多的石头，几乎挡住了我的路，石头有大有小。我停了下来，看看这些石头，发现每块石头上都刻着一行字。这块石头上是沉重的工作指标；那块石头上是烦人的人际关系；还有的石头上刻着的是夫妻不如以前那么亲热了；孩子在学校成绩不尽如人意，另外一些石头上字迹模糊，我也看不清楚刻的是什么。总之，这些石头挡住了我的路，使我不能顺利前行……

我明白，这些石头共同的名字叫"困扰"。这些困扰如影随形地缠着我，才下眉头，又上心头。就是它们使我郁郁寡欢，心神不宁，妨碍了我的生活，使我陷入抑郁……

以前，我对它无可奈何，可今天却不同了。

这时，地上出现一把铁铲。

我的身上也涌现出一股超人的力量。

看了看周围的石头，我就像超人那样拿起铲子很快地在路边挖出一个大坑。我看着这个大坑，大得足以将所有的石头都放进去，低下头往下看，果然是一个很深的坑，它能容纳许许多多的东西……

我开始搬石头，一块一块地把它们搬起来扔进大坑里，虽然石头很重，但没有关系，我有超人般的力量，能够很容易地就把它们全部扔到大坑里……

好了，大部分阻碍我前行的石头被扔到了坑里，我拿起铁铲，铲起周围的泥土，这样就可以填满这个大坑，填满后，用脚用力地踩踩泥土。现在，道路已被我清除干净，种种心理困扰都被埋葬了……我做了一下深呼吸，感到一身轻松，因为所有的紧张、压力和烦恼都从我心里消失了，我感到了前所未有的放松……

不！这是一个伟大的时刻，我得留个影作为纪念。

手持铁铲，摆个 pose，自拍一张照片……

我觉得我很了不起。

继续沿着小路走下去，我感到非常愉快，真的好开心，边走边唱起来，相信这种幸福的感觉会一直伴随在我的身边……

哟，还有一些石头没有被清除。没关系，只要不妨碍我向前走，就让它存在吧。我知道在前面的道路上，还会有这样那样的石头，这是很自然的事。怕什么，我不是有一把铁铲吗？

专栏：把最痛苦的体验写下来

人们常常习惯于把最痛苦的体验深埋在心底，然后这些痛苦的体验夹杂着非理性思维形成种种心理纠结，把自己的内心世界折腾得天翻地覆。

告诉你一种方法，会有帮助。

把自己感到最难受的事情，最痛苦的体验统统写下来，只给自己看，所以不用怕丢人，只管信马由缰地去写，有点夸张也没关系；可以成文，也可以不成文，没那么多讲究，只是要写出真实的感受。然后，从文中透露出的信息，发现自己的感受，找出自己的问题。这种方法可经常使用，不仅可以发现问题，更是一种非常棒的宣泄方式，负面情绪会随你的笔尖流淌出来，从而有助于内心世界的平静。

只要它们挡我的道，就把它们清除掉……

对了，手持铁铲的那张照片要收藏起来，它会时时给我勇气、力量和信心，战胜一切心理困扰。

今后，只要困扰我的那些"石头"出现在心理世界中，那手持铁铲的形象就会浮现在脑海中，然后，把它们统统埋葬……一定是这样的，不会错的！

● 失眠

我已进入令人陶醉的自我催眠状态，全身心都很放松，很放松……

仰卧在水清沙白的海滩上，沙子细而柔软，阳光暖暖地照在身上，耳边传来海浪轻轻拍打海岸的声音，思绪随着节奏飘荡，涌上来又退下去，感到一阵说不出的舒适……我的头很轻松……我的脖子很轻松……我的手臂很轻松……我的腿脚很轻松……整个人的心灵变得很平静……

现在，我到达自己内心的秘密花园，感觉到周围繁花似锦，意识漂移到更深的催眠状态中……

正当我轻松愉快的时刻，一片乌云飘进心理世界，漆黑的乌云上写着两个白字——失眠。

是的，失眠已经困扰我两年之久。黑夜似铅，无眠如魇。在一个个无眠之夜，我数完石头再数羊，仍然睡意全无。这过程令人备受煎熬；这后果更是令人恐怖——第二天精神不振，全身乏力，妨碍工作，影响生活，幸福感更是与我无缘……再想到晚上可能还要失眠，又一个清冷的不眠之夜还在等待着，令人不寒而栗……

我知道，我并非生来就失眠，失眠就是近两年的事。两年前有段时间，我的工作压力极大，家庭也出现危机，甚至朋友圈都出现了问题。那时，我每晚苦思冥想，怎样才能走出困境？怎样才能协调好各方面的关系？好主意并没有想出，倒是让自己深陷焦灼不安之中，染上了抑郁症，最突出、最痛苦的反应就是失眠！

后来去看过一个心理医生，他告诉我：你的思考肯定是无解，问题不在于没找到方法，而是你的心气太高，欲望太强，而在现实生活中不可能实现。他还告诉我：有睡眠问题的人通常是爱多想的人，人们在入睡时有问题大多数源于担心、紧张、焦虑、害怕还有情绪紊乱。这些因素之所以能扰乱睡眠，最普遍的原因便是过多的思考。

我终于明白了，我的失眠是想得太多，在不恰当的时间想不恰当的事情。久而久之，成为一种习惯，一种欲罢不能的习惯。

今天，我要借助自我催眠的力量，来改变这种不良习惯。

等一下，让我再做几次深呼吸，进入到更深一点的催眠状态之中。

吸气……屏住呼吸……一点一点地从嘴巴里吐出来……

再来一次……再来一次……

我进入了更深的催眠状态。

我要提升自己支配生活的能力，我的生活由我支配，自由地支配。支配我的睡眠时间就像支配清醒时间一样。我知道白天时我能支配自己的行动，饿的时候我就吃东西，想动的时候就走动走动。睡觉时我同样能支配我的身体。我能入睡，好好休息就像我能开车、吃饭一样容易。

头脑里出现了一幅画面：我手持遥控器打开了电视机，又用另一只遥控器打开了空调。哼，电视节目不好看，我用遥控器随手把电视关了。一切都在我的掌控之中……我随心所欲地控制着这一切。感觉非常好……

我也能控制我的身体，我也能控制我的睡眠。

一片树叶飘落到了平静的湖面上。当我看到这片树叶时，从30倒数到1。慢慢地数，每数一个数时我便想象到树叶漂流到了河口或寂静的小海湾……正如我独自一人，没有任何人会打扰到……倒数时，树叶也在往下游漂流，我感受到肌肉正将累积在其中的压力慢慢释放出来……我感受到一种仿佛置身暗流中的放松感……就算自我催眠后醒来，哪怕是很久以后，只要舒适地深呼吸几次，我便能重新体会到这种感觉……

我告诉自己，今晚只要一刷完牙，就把工作、生活中的一切烦心事扔在一边，只要一关灯就会进入睡眠状态……肯定是这样的，不会错的……

当然，我也没有不切实际的非分之想，也不要求一觉睡到大天亮，我会有三四个小时的睡眠，虽然还不够，但那是一个良好的开端……

● 失眠的催眠后暗示

以下都是有关失眠的催眠后暗示脚本，大家可以选择使用。

照明

我在放松的状态里越陷越深，四周越来越黑暗，越来越宁静，我的内心也十分平静……眼皮非常沉重，我想睡了……每天晚上，当我拉上窗帘，关上所有的照明电器，房间黑下来，我便会体验到现在这种宁静而又倦怠的状态，眼皮黏合在一起，睡意来了……

是的，我每天都这么做，几天之后，体内的生物钟就固定下来，我的身体会自动调整睡眠和醒来模式，晚上我睡得又深又甜，白天我头脑清醒工作效率高……一定是这样的……

睡姿

我以最舒服的姿势躺在床上，全身放松，身体软绵绵的，像躺在松软的棉花上，我感到温暖又舒适……现在我可以睡一个好觉了……每天晚上，当我躺在床上，保持现在的姿势，舒展肢体，呼吸平和，便可以重新体验到现在的感觉……是的，又温暖又舒适的感觉……我可以轻松地睡着了……

刷牙

临睡前，我会刷牙。

刷牙的时候也能刷掉我头脑中的担心、紧张、焦虑……

是的，刷过牙后，我心态平和，躺在床上可以更快地睡着……

泡脚

我感觉到全身热乎乎的，身体软绵绵的，倦意笼罩全身……这种感觉就像我每晚泡脚时的感受，全身微微出汗，血管扩张，非常舒服……

白天的一些挑战和障碍，就像汗水一样流出我的身体，过多的担心、忧虑渐渐离我远去……以后，每当我泡脚时，便会感觉到精神松弛，睡意朦胧，很快就会睡着，而且睡得又熟又香……

牛奶

专家说，睡前喝杯牛奶有助睡眠。明天我就这样做。现在，我想象香醇的牛奶顺着我的喉咙缓缓滑下，胃里暖暖的，全身软软的，感觉血管里的血液像牛奶般在缓缓流动，我渐渐想睡了……

是的，今晚当我喝完一杯牛奶之后，会重新体验到现在的感觉，会睡得既香又甜……

脱衣服

当我脱掉浴袍后把它挂在钩子上，我就会想象白天的问题、麻烦、担心都离我而去了。袍子和问题、麻烦、担心都在衣橱里，如果我愿意可以一直放到明天，但今晚我可以不用带着它们入睡……

深呼吸

因为失眠，我焦虑、抑郁、消极。

现在我知道了，失眠并不可怕，可怕的是对失眠的恐惧。我只要全身放松，跟随我的深呼吸，在吐气的时候把我的消极情绪统统吐出去，那么我就可以轻松入睡了……

是的，接下来我把注意力集中到深呼吸上，深深地吸一口气，然后缓缓地呼气……随着深呼吸，身体越来越放松，困意越来越重，我马上就可以睡着了……

以后，每当我开始深呼吸，就会立即体验到现在的感觉，我可以很快睡着……是的，深呼吸会带我进入梦乡……

愉快回忆

我躺在床上，体验到久违的放松和舒适……我的身体仿佛躺在云端，轻飘飘地没有重量，心情非常愉悦……这种感觉让我回想起上次旅游时，我在美丽的景区度过的一个非常宁静安详的夜晚，那晚我睡得很深很甜，就像现在一样……

瑞奇·卡菲尔医生说，人的意识会记得自己的睡觉和行为模式，记下高质量的睡眠回忆，当我躺到床上的时候，我会马上回想起那个美丽的夜晚，而且会再经历一次，像那天一样心情愉快地进入梦乡……

专栏：对睡眠的种种错误认知

△　每天的睡眠时间必须保持在8个小时，否则就是没睡好。

错！8小时的概念只是人类睡眠的平均数，每个人所需要的睡眠常数受年龄、性别、个人体质、习惯多种因素的影响，存在个体差异。不应将睡眠时间作为检验睡眠质量的唯一标准，只要第二天精力充沛、思维、行为敏捷，就属于高质量睡眠。

△　既然入睡时间长，晚上一定要早早上床酝酿睡意。

错！失眠者一定要牢记，不要试图控制睡眠，只在有睡意时才上床。早早上床却长时间的清醒会导致失眠与睡眠环境（卧室、床）在心理上形成唤醒性条件反射，一进卧室，躺到床上，大脑就异常兴奋，伴随高度的紧张焦虑，继而失眠就发生了。

△ 晚上睡不着，就抓紧早上和周末的时间多补补觉。

错！睡眠和逝去的时间一样，是补不回来的。宾夕法尼亚大学医学院的大卫·迪杰证实，睡得多与睡得少同样不利于健康。当然，偶尔熬夜或失眠，可以适当推后起床时间，以保证第二天精力充沛。

△ 睡觉时候打鼾的人，睡得既深又甜。

错！打鼾是睡眠呼吸暂停综合征的一个主要临床表现，会严重影响睡眠质量，威胁身体健康，容易诱发高血压、脑心病、心律失常、心肌梗死、心绞痛。夜间呼吸暂停时间超过120秒容易在凌晨发生猝死。

△ 晚上做梦是睡眠不佳的表现。

错！做梦是一种正常的心理现象。无梦睡眠帮助身体得到休息，有梦睡眠则帮助心理得到休息，二者缺一不可。

△　中午不管休息多久，都是有利于健康的。

不一定！午休可以养精蓄锐，恢复精力。每天午睡30分钟，可使冠心病发病率减少30%。但午睡时间不宜过长，15~30分钟为宜，若超过一个小时，醒来反而会感觉头疼或全身无力。失眠者应尽量避免午睡，以免降低晚上的睡意。

△　治疗失眠，吃安眠药物是见效最快最好的方法。

不一定！安眠药物的确有其功效，但如果长期服用，则会形成对药物的心理依赖，停药后出现"戒断"现象。且靠药物来治疗失眠，终究是治标不治本，最好还是寻找到导致失眠的心理因素，摆脱药物。

● 无名疼痛

从未有过的心灵宁静，从未有过的舒适与惬意，在进入自我催眠状态之后，我体验到了……那是一种久违的感觉，平静中带有一丝亢奋……

我想象自己坐在小船上，在湖中慢慢地划，在阳光的沐浴下，我把手伸进凉凉的湖水中，听树上的鸟叫声，闻到玫瑰花的香味，感觉温暖的阳光，感觉清凉的微风温柔地吹拂着我的头发，头发挠在脸颊，痒痒的……

我经常有疼痛的感觉，有时头痛，有时背疼。去过医院的神经科，也去过骨科，做过很多检查，但怎么检查都没有病。是没有病，但疼痛的感觉却时时在骚扰我。现在我明白了，内心的痛苦包括悲伤、绝望、抑郁和沮丧会衍生出长期的无名疼痛，随着时间的流逝，这种痛感会愈来愈强烈。

今天，我就着手解决这一问题。

首先，我要声明：我想和这无名疼痛做个了断，和它说再见！也许，别人觉得很奇怪，谁想疼痛缠身呢？谁不想远离疼痛呢？我在一本心理学书上看到，有人在意识层面想远离疼痛，在潜意识中又想留住疼痛。原来，疼痛也有"好处"，如果疼痛可以使你不用工作，获得同情，得到补贴，或者可以逃避你不想承担的责任，这些利益就会降低你想缓解疼痛的动机。你可能意识不到这一点，可它却客观存在着。

这让我恍然大悟！的确，当我疼痛之时，领导不再苛求，家人百依百顺，我成了大家关注的焦点，那感觉还真不错。

现在，我沉浸在愉快的自我催眠状态之中，潜意识的大门已经打开，我要在潜意识中把这个情结连根拔掉。是的，就像拔草一样。使劲，再使劲……终于连根拔掉了……再也没有什么阻碍我缓解疼痛的动机存在了……

接下来，我来给疼痛的部位定位，它到底在哪里？

好的，我找到了，就在这里！

这时，我疼痛的部位变成了一个大的红色气球，我在注视着这个大气球。这个大的红色气球开始漏气了，慢慢地，变得越来越小……

当气球变得越来越小的时候，它的颜色也变得越来越淡，变成了粉色，此时，我感到疼痛的部位在缩小，不适感变得越来越轻……

气球继续变得越来越小，颜色变得越来越淡，我的疼痛感越来越轻，我感到整个身体越来越好。慢慢地，气球出现了褶皱，颜色变成了浅粉色，我的疼痛感在慢慢消失，我感到全身越来越舒服……

我看到气球变得越来越小，快要消失了。我看到气球的颜色变得越来越淡，快成为白色了，疼痛部位及其不适感越来越轻，几乎没有任何感觉了，我的身体越来越好……

我感到完全正常，没有任何不舒服……

我感到自己变成了一个充满快乐的人，我对生活充满了希望和感激……

硕大的气球变小了，变没了，我的疼痛也消失了，就是这样的！

今后，如果再度出现无名疼痛的感觉，气球就会出现，刚才的那一幕也随之出现，一定是这样的，不会错的……

● 活力丧失

现在，我很放松，很放松……蓝蓝的天空，巨浪般的白云蔓延到天际，这让我想起年轻时躺在草地上仰望天空时的感觉，没有一丝的担忧与烦恼……再做几次深呼吸，就能重返过去时光：年轻……成长……活力……

我的头很轻松……我的脖子很轻松……我的手臂很轻松……我的腿脚很轻松……整个人的心灵变得很平静……

今天，我要来解决活力丧失的问题。

头脑里出现我房间的画面，很凌乱，所有的物品都无序地摆放着，就像我的生活一样……我懒得收拾这一切，因为我不想动，一点儿也不想动，我浑身上下没有一点力气……

不幸染上了抑郁症，最突出的表现就是抑郁性木僵。行为缓慢，生活被动、疏懒，不想做事，不愿和周围人接触交往。常独自枯坐，或整日卧床，闭门独居、疏远亲友、回避社交。

严重时连吃、喝等生理需要和个人卫生都不顾，蓬头垢面、不修边幅，有时竟不语、不动、不食……

我成了一个什么样的人？眼泪，夺眶而出……

让眼泪流出来，尽情地流出来……

忽然，我看到房间的角落里有一只篮球。一只泄了气的篮球。上面布满了尘埃，毫无生气，静静地呆在那，这是我大学生活的纪念品。

上大学的时候，我是校篮球队的成员，还是个主力队员呢，那时的我，是多么有活力！三分球远投；三步上篮，是多么的生龙活虎！因此有了我的女"粉丝"，因此有了我的初恋，那是一段多么美好的时光，想想心里都美。

可是，这一切已经成了过去，真是往事不堪回首。如今的我，竟沦落到这种地步！不想去上班，不想去交友，不想整理家务，不想做任何事情，只是躺床上发呆，或者胡思乱想。曾经的我，你到哪里去了？现在的我，怎会是这么一个样子？

往事不堪回首！

我的目光死死地盯着这只篮球，突然发现，这只泄了气的篮球渐渐地鼓了起来，恢复了生机，越来越鼓，越来越膨胀，它开始在地面上滚动了。不经意间，滚到了我的身边。我下意识地拍了下球，球跳动起来。出于本能，我不停地拍球，球不停地跳动，球越跳越有力，我越拍越有力，好多年前的手感又回来了……

不知是谁，悄悄地给球充了气，不知是谁，暗地里给了我正能量，活力开始重新出现在我的身上。今后，只要我一想到那只有力跳动着的篮球，活力就会充满我的全身。只要有了一个开始，接下来的一切将会顺理成章地出现，肯定是这样的，不会错的！

先给自己定个小目标：从明天开始，我就想干点事，当然那是我最感兴趣的事，一步步来，活力一定会回到我身边……

● 自杀倾向

我已进入自我催眠状态，很舒服，非常舒服，整个身体都很轻，像一支羽毛，在空中随风起舞……

我仿佛站在高高的山崖上，脚下就是深渊。有个声音对我说：下去吧，走出这一步你就解脱了……一切痛苦与烦恼也就结束了……

我看了一眼脚下的深渊，只见死神站在谷底，身披黑袍，手持大镰刀，冲着我坏笑，下来吧，下来吧，我在这儿等你……

就在我即将迈出这一步的时刻，一位仙风道骨的老人飘然而至。

他对我说，年轻人，你想干什么？

"我想了此一生，从此解脱！"

"解脱？"老人说，"你还是跟我走一趟吧。"

不由我分说，老人一把抓住我，前行。

也不知走了多长时间，我们到了阎王殿，两个面相狰狞的小鬼把我押到阎王面前。阎王冷冷地说："此人下地狱！"

"凭什么？凭什么？我是个好人，我做过许多好事。"我大叫大嚷道。

阎王说："没说你是坏人，但你不珍惜生命，就凭这一条就

专档：自杀俱乐部

这个俱乐部是专为准备自杀的人服务的，它让你在自杀前享受所有的人间快乐。有两个想自杀的青年男女在这里相遇，在享乐人间快乐的过程中他们又相爱了。不知不觉之中，他俩都认识到自己自杀的想法很愚蠢并准备放弃自杀的念头而继续活下去。可惜的是，毒气已经放了出来，想不死也不行了。

在死亡面前，人生的一切真谛都出现在脑海中，但残酷的现实是：虽然已经大彻大悟，但一切已为时过晚。

是下地狱的罪。你不是想解脱吗？告诉你，更大的痛苦，无尽的折磨在等着你呢。"

这时，老人推了我一把，我好似从梦中惊醒。

但有三个形象印刻在我的脑海中。一个是满脸坏笑的死神；一个是冷酷无情的阎王；一个是古道热肠的老人。

今后我一有自杀的念头，这三个形象就会出现在我的脑海中，它们将深深地提醒我，自杀不是解脱，自杀不是解脱，自杀会让自己进入万劫不复的深渊……

我牢牢地记住这三张面孔了……

● 自责

再做三次深呼吸：吸气……尽可能地憋住……一点一点慢慢地吐出来……我发觉自己已经进入到了很深的自我催眠状态……额头感到凉爽……思维也更加清晰。

今天，我要做件事，审视我自己。我为什么混得那么惨？

一阵微风吹来，思绪随风飘荡……

头脑中出现一幅画面：

都市的夜空，喧嚣着的数不尽的繁华。我坐在写字楼里，望着窗外的一切。

一辆辆高档轿车疾驶而过，间或停了下来，走出一对对衣着时尚的情侣，他们是去饭店，还是商场？我不知道！我知道的是他们肯定不是去上班。

大饭店的门前，人流如梭。

酒吧街上，灯红酒绿。

购物中心里，有些人好像根本不把钱当回事，你看他们刷卡时的那副德行，就是在做一个最轻松的游戏。

而我，却坐在写字楼里，加班。

到了深更半夜，我像一堆垃圾一样被扔出写字楼。地铁没了，公交没了，出租车倒是不少见，可我却在激烈地做思想斗争。坐还是不坐？

回到家里也没什么好果子吃。老婆要么满脸冰霜，要么无休止地重复那么几句话：房子，孩子上学，咱家什么时候能买车呀？

没有都市人活得那么高雅，也没有乡下的亲友过得那么滋润。看看我周边的人，哪一个活得不比我好啊！以前的同学，有的做了官，有的发了财，也有的在单位混得如鱼得水，偏偏就是我，功不成，名不就，权没有，钱不见，家不和。在学校的时候，他们也不比我强到哪里去呀！

我怎么就混得这么惨？

画面黯然消失，我的手心出汗，心脏剧烈跳动，心情坏到了极点……

不！我好像有点极端，有点过于自责……让我再做几次深呼吸……我的心情就能重新恢复平静。现在开始：吸气……尽可能地憋住……一点一点慢慢地吐出来……舒服多了，真的是这样的！

我也有得意的时刻，我也有成功的时候。

新的画面在我的脑海中闪出：

上中学时，我常常在班上考第一，赢来一片羡慕的目光……

我妻子和女儿的美貌，经常在朋友圈得到赞赏……

虽然我挣钱不算多，但在行业内还是属于中等以上，干嘛非得和富豪们较劲呢？

其实我的能力还是不错的，只是还没遇上好的机遇，机遇总会来的，太阳家家门前过，没准下次就到我家。

记得有一首儿童诗，大体意思是这样的：

满街都是新鞋，

我是多么寒碜。

缠着妈妈一路哭闹，

直到突然看到，

一位失去了腿的人。

倒是目前的状态有点可怕，我不能沉沦，沉沦意味着失去希望。我要光明起来，不再自责，童心般地迎接明天的太阳！

一轮旭日从海平面冉冉升起，好大好圆的太阳哟！

光芒四射，我的全身暖洋洋的，充满了正能量。

再做三次深呼吸……吸气……慢慢地吐出来……再来一次，再来一次……耳边蓦然响起贝多芬的《命运交响曲》，那高昂激越的曲调让我热血沸腾，让我自信倍增。我要扼住命运的咽喉，让生命重放光芒。

今后，在我的生活中，还会有挫折，还会有失败，这很正常，这就是生活的一部分。我不会自责，而是去抗争。一旦有自责倾向出现，我的耳畔就会响起贝多芬的《命运交响曲》，然后，自信就将回到我的身边。我就能坦然面对一切。一定是这样的，不会错的！

我感到手心在发热，热血在奔涌，状态在回升……记住这种感觉，我今后会经常体验到这种感觉。

专栏：互相羡慕

树林里住着两个长臂猿兄弟，他们整天在树枝间嬉戏玩乐。这样的日子固然欢乐愉快，但对于每天只能找到一点点食物一事，他们一直闷闷不乐。

有一次，长臂猿兄弟闲逛到山脚下的动物园。只见其中一个笼子里关着一只红毛猩猩，面前摆了许许多多的水果和食物，令他们垂涎三尺。长臂猿弟弟对哥哥说："老哥，我真羡慕那只红毛猩猩的待遇，它每天不用做任何事，就有这么多美味可口

的东西可以享有，不像我们十分操劳，才能得到一点可怜的食物。"长臂猿哥哥接着

弟弟无奈地点头说："你说得对极了。"

这个时候，笼子里的红毛猩猩无精打采地抬起了头，以十分羡慕的目光望着长臂猿兄弟，心里想着："唉！我真羡慕那两只长臂猿兄弟，每天可以在树林里自由自在地荡来荡去。多逍遥自在啊！"

专栏：让我们全面比一比

其实，大部分人都觉得自己混得没别人好，这是人类的一种普遍心态。抑郁者把这种心态放大、夸张，进而成为一种病态。

做一件事，就可以纠正这种失衡的心态。

第一步：请找出 10 个人，这 10 个人必须同时符合两个条件：一是你熟悉的人，

二是你认为他属于比你混得好的人。

第二步：请逐个写出这10个人比你混得好的地方，例如：挣钱比你多；官比你大；模样比你漂亮……

第三步：还是这10个人，请仔细、逐个地想一想：他们有哪些地方还不如你？比如：工作没日没夜；夫妻关系不怎么样；身体上有严重疾病……

通过这种全面比较，就会发现，没有一个人活得完全称心如意，任何一个你觉得比你混得好的人，也都有不如你的地方。

● 无能感

额头……下巴……颈椎……肩膀……双臂和双手……腰、臀部……双腿和双脚……从上到下，都依次得到了放松……压力和紧张如同流水一样从我的指尖滑落……此刻的我就像躺在一张大大的、柔软的水床上一样，舒服又惬意……

此时此刻，我要对自己做一番审视，进行一场反思……

平时，我总是感到自己是一个没用的人，这事做不成功，那事也会失败，看到别人的成功，只有羡慕的份儿。于是，我想退出社会，辞职回到家里，蜗居在我的小屋。原以为这样会好受的，可长期待在家里，失败感不仅没有离去，反而更加强烈。是的，我年纪轻轻，怎么能不干活呢？不全是钱的问题，人总得干点正经事吧。我苦恼，我悲哀，我欲振乏力，此恨绵绵无绝期……

我真的就这么无能吗？

偶然间，我在网上看到一个资料，是心理学家塞里格曼做的一个实验：

在实验中，将狗固定在架子上进行电击，狗既不能预料也不能控制这些电击，曾经想挣扎逃跑，却劳而无功。在这之后，他们又把狗放在一个中间用矮板墙隔开的实验室里，让它们学习回避电击。电击前10秒室内亮灯，狗只要跳过板墙就可以回避电击，对于一般的狗来讲，这是非常容易学会的。可是，有过先前失败经历的狗只是乱抓乱叫，后来干脆趴在地板上甘心忍受电击，不做任何反应。

这一实验结果表明，动物在有了"某些外部事件无法控制"的经验之后，会产生一种叫作习得性无助感的心理状态，这种无助感会使动物表现出反应性降低的消极行为，妨碍新的学习。后来，以人为被试的许多研究也得到了相似的结论。

哦！原来并不是没有能力，而是经过失败后得出错误结论，进而影响到后继的行为。

我的脑海里出现了那只狗，多么可怜的一只狗！它本来可以很轻易地逃离痛苦的境地，却因连续的失败而失去信心，放弃努力。其实，它只要轻轻一跳就什么事情都解决了，可它，却没有这么做。就因为这个，一直强忍着没完没了的电击。

这事给我启发，让我震撼。我又何尝不是如此呢？

过去我也纳闷儿，读书时候的我，不也辉煌过吗？无论是学业还是社会活动，都还说得过去，凭什么我的能力退化如此之快？

不可能！

只是因为我到公司后遇上了挫折，才一蹶不振。其实，扪心自问，谁没有过挫折？况且我的挫折并不算大。一两次挫折怎么能把我整个人都否定了呢？

现在，我要告诉我自己：

我不可能什么都行，也不可能什么都不行，在一个特定的领域，在一个特定的时间，在一个特定的条件下，我就是行，比任何人都行。

我这一次不行，并不意味着我下一次不行，更不意味着我永远不行。

我现在不行，并不是因为我的潜能不行，而是由于努力不够，坚持下去，继续努力，我就能行。

上帝给予我们的时间与智慧足够我们成就一番事业，我们

世上
无完美的一切

完全可以有很大的作为，取得很大的成就，可以拥有我们想拥有的一切———一切皆有可能。

　　我脑海中蓦然出现一幅画面，那是我小时候最喜欢看的一部动画片《布雷斯塔警长》。一到危急时刻，他就会念叨：鹰的眼睛，狼的耳朵，豹的速度，熊的力量。然后，全身就迸发出一股巨大的力量，战胜一切艰难险阻，扫除所有妖魔鬼怪，所向无敌！

　　今后，一旦我泄气的时候，畏难的时候，耳边就会响起一个声音：鹰的眼睛，狼的耳朵，豹的速度，熊的力量……

　　布雷斯塔警长那所向无敌的形象就会跃入我的眼帘……

专栏：昂起头来真美

　　　珍妮是个总爱低着头的小女孩，她一直觉得自己长得不够漂亮。有一天，她到饰物店去买了只绿色蝴蝶结，店主不断赞美她戴上蝴蝶结挺漂亮，珍妮虽不信，但是挺高兴，不由得昂起了头，急于让大家看看，出门与人撞了一下都没在意。

珍妮走进教室，迎面碰上了她的老师，"珍妮，你昂起头来真美！"老师爱抚地拍拍她的肩说。

那一天，她得到了许多人的赞美。

她想一定是蝴蝶结的功劳，可往镜前一照，头上根本就没有蝴蝶结，一定是出饰物店时与人一碰弄丢了。

● 负罪感

我正在体验自我催眠的轻松的感觉，我感觉很舒服，很温暖……

我想象自己坐在小船上，在湖中慢慢地划，清凉的微风温柔地吹拂着我的头发，头发挠在脸颊，痒痒的，像孩子一样顽皮得可爱……

此时的心情，与往日大不相同，过去，我常常在惴惴不安中度过每一天……

我是一个善良的人，我不想伤害世界上的任何人，包括动物。这是我恪守的原则。可是，我发现还是会常常对别人有所伤害——有意无意之间。这让我困惑，这让我时时背负沉重的十字架……

于是，我心神不宁，惴惴不安……

说件大学时代发生的事吧：

有回外校的中学同学找我玩，那天我恰巧感冒了。中午在食堂吃饭时，我提出分食制，以免传染感冒。可那哥们特讲义气，坚决不同意，说不会传染，说传染了也没啥。他这么坚持，我也没办法，只能一个锅里捞食吃了。可他走了以后，我的心里压了块大石头，如果他也患上感冒，不是我的罪过吗？最近还在流行肝炎，如果他因为感冒了，体质弱，再染上肝炎，我岂不是罪莫大焉？我不敢再往下想了……

其实，我那中学同学后来啥事也没有，我多虑了，太多虑了。

类似的事情经常发生在我的身上，类似的体验我常常感受到。我也会责怪自己想多了，可我没法不想多，我驱赶不了心中的魔障……跟亲友倾诉过我心中的感受，他们异口同声地说我脑子进水了，怎么会这么想？

唉，我的痛，我的苦，有谁明白有谁知？

多少年来，我一直背着沉重的十字架在前行。

在网上，我偶遇一个与我有着相同问题的人，我们很快成

自我催眠

为知己。他告诉我，他去看过心理医生，心理医生说：问题的关键在认知，在观念。应对这种情况，根本的解决办法是在意识层面和潜意识层面形成正确的观念。不要纠缠于某件事的解释，一件事完了还会有下一件事，事情永远没有尽头。

好吧，趁着现在我身心放松，潜意识的大门已经打开，我要重塑观念——同时在意识层面和潜意识层面。

我本善良，这很好。善良是一种初心，初心是一种愿望，愿望与现实总是有距离的。记住，我并不能控制发生在我身边所有的事件。有些情况并不会如我想象的那样会发生（我得坦然承认，我常常会钻牛角尖），有些情况即使发生了，责任也不一定在我，干吗我要大包大揽，把所有责任都自己扛呢？

蓦然想起在一位老中医的客厅里看到了一副对联："岂能尽随人愿 但求无愧于心"。

是的，任何人都不能做到尽随人愿，我们只能做到无愧于心。今后，我要做一个无愧于心的人，至于世间到底发生什么事，那就随它去吧……我操不了这份心，操心了也没用。

记住那副对联，是用漂亮的草书写的："岂能尽随人愿 但求无愧于心"。当我再出现负罪感的时候，这副对联就会跃入我的眼帘，负罪感也会随之消失，肯定是这样的！不会错的。

现在，我要搞一个仪式：告别负罪感的仪式。

我卸下了背负着的沉重的十字架。又看了一眼，很大很重，不过我已经卸下了，人感到很轻松。浇上一些汽油，点燃打火机。十字架在焚烧……渐渐地，十字架消失了，化为一缕青烟……

● 思维迟缓

我进入了放松而愉悦的自我催眠状态。外界一切的嘈杂声、工作的压力和负担渐渐地离我远去……我越来越沉浸在自己的世界中，宛如一片树叶静静地、缓慢地飘落到了碧绿的湖心……

坦率地说，我平时的状态不好，很不好……其中最突出的一个表现就是思维迟缓。

脑子好像是生了锈的机器，好像涂了一层糨糊。不爱和别人说话，别人和我说话时，常常王顾左右而言他，答非所问。语速明显减慢，声音变得低沉，渐渐地，与人交流变得愈发困难。就是自己思考问题时，也是断断续续，时常"卡壳"……考虑问题，常表现为"一根筋"，脑子转不过弯来……

曾经的我，思路敏捷，行为果断，办事效率极高，如今，怎会落到这步田地？

我的智力出问题了吗？不会！

我提前进入老年痴呆了吗？更不会！

其实，我明白，我的问题不是出在智力上，而是抑郁所致。而导致我抑郁的原因我也知道，是完美情结。

我成长在一个严父严母的家庭。上小学的时候，考试得 99 分回家都要遭到训斥。妈妈的一句名言是：100 分就是 100 分，不能打折！然后，从穿衣到走路、吃饭也有一套严格的程序。

爸妈是想把我塑造成一个完美的人。用心不可谓不好，但结果却与初衷相反。我凡事追求完美，完美没有实现，却落得一个抑郁症。

每当有一个小缺陷我就自责；每当有了一个小过失我就沮丧。终于有一天，在自责与沮丧中的我，在工作中犯了一个大错，我崩溃了……我完蛋了……

从此我闭门不出，从此我羞于见人，过着暗无天日的生活，头脑也真的渐渐"生锈"了。

我服药了，有些好转，但不久又故态复萌……

今天，我想用自我催眠来解决我的问题。我明白了它的工作原理，我相信它能给我带来积极的改变！

一直在我心灵深处作祟的完美情结是个什么东西？

我的眼前出现一团乱麻，它就是完美情结。今天，我要把它理出个头绪来。

世界上有完美的事吗？没有！兴一利必有一弊。

世界上有完美的人吗？没有！自古红颜多薄命，高处不胜寒。

有人从来不犯错吗？没有！除非他一生啥事都没干过。

我本凡人，岂能完美？

况且，完美的人并不招人待见。

一团乱麻，理出了头绪，我的头脑渐渐清晰起来……

再做三次深呼吸，把自己导入更深一点的催眠状态……

用鼻子深深地吸一口气……憋住气……用嘴巴一点一点地吐出来……更加放松了，全身心的放松……

我感到很轻松，因为我扔掉了一个背负在身上的沉重的大石头——完美情结。很轻松，真的很轻松，我都怀疑哪来那么大的力气，居然背负它那么久，荒唐，实在荒唐……

不！我不仅要扔掉大石头，而且要把它埋葬掉。找来一把铁铲，挖一个坑，在大石头上刻上一行字——完美情结，然后把它埋葬。

接下来的工作是调整状态……

记得几年前我们部门开发一个新品，遇到一个技术问题，始终不能攻克，部门里所有的人都苦苦思索而不得其解，似乎已到了山重水复的地步。一个星期天的下午，我和伙伴们踢了一场足球，人很兴奋，状态奇佳。回家后我放了一池水泡澡，池边还放了一杯红酒，很有情调。突然，一个灵感袭来，换一个解决问题的思路，不就解决了吗？我兴奋得大叫起来。为这事，公司总经理在大会上表扬了我，当然也少不了奖金……

再仔细回味一下当时的状态，包括每一个细节，把它找回来，找回来！

我好像有一种热血沸腾的感觉……过去能，现在凭什么不能？

再有就是严格按照解决问题的正确思路行进，不管是生活中的问题还是工作中的问题。

发现问题。

明确问题。

提出解决方案（利用发散思维）。

评价结果。

专栏：野兔的弱点

野兔是一种十分狡猾的动物，缺乏经验的猎手很难捕获到它们。但是一到下雪天，野兔的末日就到了。因为野兔从来不敢走没有自己脚印的路，当它从窝中出来觅食时，它总是小心翼翼的，一有风吹草动就会逃之夭夭。但走过一段路后，如果是安全的，它返回时也会走原路。猎人就是根据野兔的这一特性，只要找到野兔在雪地上留下的脚印，然后做一个机关，第二天早上就可以去收获猎物了。

野兔的致命缺点就是太相信自己走过的路了。

如此这般，让脑子动起来，让思维规范起来，有什么问题不能解决？而问题解决将是治愈我思维迟缓的最好的良方。肯定是这样的！不会错的！

我会永远记住埋葬大石头的那个场景，一想起它来，我就感到浑身轻松，思路流畅。

● 社交恐惧

现在，我已经完全进入了轻松愉快的自我催眠状态，卸下面具，除却平时的紧张和焦虑，感到既自在又开心……在这美好的气氛里，将更有勇气面对自己的问题……

我特别恐惧与别人的交流，尤其是和异性的交流，在偶尔的交流中，我甚至都不敢看她们的眼睛，一有目光交流，我就会极力回避。可想而知，我的人际交往质量很差很差……

其实，从我内心深处来讲，非常期待与别人能有正常的交往，尤其是与异性能正常交流。原因很简单，我也到了婚嫁年龄，我好想有个家……

可是，目前的状况却让我十分难堪。

是的，我要学习怎样更好地跟异性进行交往，像 ×× 一样……

再做两次深呼吸，我更有勇气与信心了。

脑海里出现一幅画面：

自我催眠

　　我跟随 ×× 一起走进电梯，电梯里有一位我们熟悉的女同事……这时，我看到 ×× 微笑着向女同事点头问好，女同事也报以微笑回应。一时间，电梯里气氛变得很融洽……接着，×× 自然地与女同事聊起了昨天看到的一则新闻，我观察到他的表情丰富放松，神采飞扬，手臂随着讲述做着动作，偶尔夸张地摆动两下，引来女同事的一阵笑声……不一会儿，电梯门打开了，两个人一起走出电梯，笑着摆手离开，空气里还残留着刚才愉快的气氛……

　　好，下面该轮到我自己了……想象着刚才的轻松愉快，和 ×× 一样，我走进了电梯，还是同一个女同事，在电梯里微笑地望着我……和以往一样，脸红了，手心浸出汗珠……这时，我告诉自己要深呼吸，然后回想 ×× 刚才的动作，是的，他向女同事微笑问好了……我努力地平心静气，学 ×× 一样对女同事微笑着点点头，说"早上好"，我的声音可能有点颤抖，但是没关系，我已经做得很好了，看，这位女同事也同样微笑着对我点头了……继续努力，我会做得更好……

　　我的汗水已经湿透了后背，但是我顾不上，我在思考接下来的话题……忽然想到了最近发生的一件趣事，回忆着 ×× 说话的表情，略带夸张地向女同事开始讲述……对，我的表情要放松，还要再丰富一点儿……还有，我可以边说边打手势，模仿一下事情发生时的场景……我勇敢地看着女同事的眼睛，她的眼神很亲切很和善，仿佛在鼓励我继续说下去……

　　随着讲述，我感到我的肩膀渐渐放松下来，我的心跳也逐渐恢复正常了……原来，跟女性交往并没有我想象得那样可怕……明天，当我去上班的时候，我会像××一样，主动地跟女同事打招呼聊天，我会像现在一样轻松自如……是的，一定会这样的……

记住，从一个微笑开始，接下来的一切都会顺理成章，一定是这样的，不会错的！

● 压力山大

我已进入愉快的自我催眠状态，我正享受着它给我带来的舒适与快乐……

打开音乐，空气中飘荡着一串串音符，它们从播放器中轻盈地跃入我的耳中。外界的噪声越来越小，音乐声越来越清晰，我的内心也越来越平静。脑海中的每一根神经都随着这美妙的节奏舞动起来了，我和音乐融为一体……这种投入和专注将帮助我进入自我催眠状态，在这种状态下，我努力的目标更容易实现了，改变也变得更加舒服，更加自然了。

音乐声悠扬、愉悦，我听出了笛子的声音，手指跟随旋律跳跃起来，时而轻快，时而悠长……将注意力集中到旋律和节奏上，我仿佛成为创意十足的音乐指挥，能够指挥这些音符……随着音乐的继续演奏，我将进入更深的催眠状态。

音乐声变大了，节奏变得更加有力。我感觉到体内如野兽般乱撞的压力和烦躁，它们正随着这节奏奔跑、肆虐，寻找着出口……音乐越来越激昂了，到达了最高潮，跟着节奏，我在心中呐喊……深深地吸气……徐徐地吐气……压力和烦躁从这出口冲出去了，一扫而光。

压力山大，这四个字是我全部生活最真实、最生动的写照。

我总是在加班，有时要到很晚，基本上每天如此，连周末也不例外。几乎就没有休息的时间，因为我不想被取代，所以我要更努力。

有时我就像一个陀螺，永远没有停歇的时候，除非灭亡。我已记不清何时逛的街，何时和朋友一起出游过，何时享受过泡澡，何时睡个好觉、吃顿好饭，甚至连给家里打电话都由从前的一周一次改成了现在的一月一次，脑子里有一根弦始终绷得很紧。有一天这根弦断了，我也就完蛋了。

我终于被压垮了……那是在去年冬季的某一天。

一天早晨醒来，还在似睡非睡的状态中，是幻觉还是梦境，我搞不清楚，只是觉得自己陷入一片沼泽地，人在往下陷，我努力挣扎，可是越陷越深……我大喊大叫，可是无济于事。一个又一个的"鸭梨"，又向我头顶砸来……

我明白，我被压力击垮了。

于是，我去看医生，医生说我得了抑郁症，要吃药、要休息，于是我丢了工作……我一无所有了……

如果说上班的时候是在服苦役，那么失业在家就如同上酷刑，药没少吃，可情况却不见好转……

我会成为一个废人吗？我常常问自己。

后来有人告诉我心病还得心药医，最好的心理医生就是你自己。于是，我就试用了自我催眠。

现在，我正处在愉快的自我催眠状态之下，已经放松了的身心让我体验到久违的轻快感，我很舒服，很舒服，我要细细品味放松后的轻快感……

此时音乐变得更加柔和，更加舒缓，节奏发生改变，紧张、压力和所有不舒服的感受都被释放出去了……都通过呼气释放出去……用心感受一下身体发生的变化。我感到手指变暖了，双手感到有点沉重，一点儿力气都没有。脑海中除了音乐，什么想法都没有，我感到很放松，很舒服……

在这轻松、愉悦的旋律中，我可以为曲子谱上歌词，这就是内心里我一直想对自己说的话。我可以默默地在心中吟唱，也可以大声地唱出来。我将真真切切地听到自己的心声……

现在我正充满创造性地演绎着这段音乐，压力已经释放，能量在渐渐地恢复……明天我也将充满创造性地实现期待中的目标，目标的实现会变得更加轻松、更加顺利……

音乐快要结束了，当我以后想要放松，并再次感受这种舒适时……我可以挑一个舒服的姿势坐着或躺着，听一听这段音乐。当我听着这音乐，做几个放松、舒服的深呼吸……我便能回到同样平和与宁静的状态。

旋律接近尾声了，音乐声越来越小，渐渐离我远去……我的意识越来越清醒……全身的力量逐渐恢复……做几个缓慢的深呼吸……好的，睁开眼睛，我感到身心舒畅，头脑清醒，精神饱满。

今后，我将在自我催眠中多多体验身心放松的感觉，我也会把这种感觉迁移到日常生活之中。我会在包里放一些口香糖，感到有压力时，就拿出一块嚼一嚼，只要我一嚼口香糖，压力就会下降，下降到一个适度水平。然后，我就能精神饱满地去工作、去生活。一定是这样的，不会错的！

● 疑病

现在，我处于催眠中的舒服安逸的状态……在美丽的阳光下，我的身体很轻松，呼吸很缓慢，很均匀……我在享受着这美好的时刻……

我平时总是感到身体上不舒服，家人很关心，带我去医院做过很多次检查。检查的结果是没有问题。这让我既高兴又沮丧……高兴的是身体没问题，沮丧的是明明有感觉，为什么没问题。渐渐地，我怀疑自己得的不是一般的病，是重病，也许就是癌症，那可是不治之症呀！我忧心忡忡……我心神不宁……

这种怪怪的感觉，已经困扰我多年。

有人告诉我，我的问题是在潜意识中，是潜意识中的疑病情结在作祟。

现在，我正处在愉快的催眠状态之中，可以与潜意识交流，可以和潜意识对话……

一阵清风拂来，把我带到另一个世界……

我来到了一个黑暗而深邃潮湿的岩洞里，在这里，我能听到水流缓缓流淌的声音，我惊奇地发现这里有平滑光洁甚至泛着光泽的岩石……

哦，我知道了，这就是我的身体内部啊……原来我的身体是这样的干净，这样的健康……其实，所有的检查结果都证实了这一点……医生说我没有癌症，也没有癌症的任何迹象……我知道他们说的是对的……我以后也会安心了……因为我在医生的扫描图片里看过肿瘤的样子，它是那么的粗糙不平，没有光泽，有的地方甚至都能磨手……现在，我知道了，它是不存在的……

现在我坚信这点了！过去自己感觉到这儿痛那儿痛、这儿不舒适那儿不舒适，都是自己太敏感的缘故。其实任何一个正常人都会有这样的现象，这不是病，是一种正常人的"不正常"现象，会很快过去的。我今后不去想它了，不舒适的感觉就会消失了。

我继续往前走，现在我已经感觉到舒适多了，也不再为此而烦恼了，我对自己的健康充满信心。不远处，是一道明媚的光线，穿过岩洞，我来到了一处花园，繁花似锦，小鸟儿围着我轻快地歌唱……以后，每当相同的感觉出现时，我的潜意识都会暗示自己，我的身体是健康的，我身体内部是干净纯澈的……

● 负性事件

我已进入愉快的自我催眠状态之中，心情渐渐地平静了下来……

上个月，男友离开了我，是那样的无情，那样的决绝，我心中爱情的大厦轰然倒塌……那是对我致命的一击……

人情为什么如此淡漠？世事为什么如此残酷？作为一个爱情至上主义者，我的心境可以用“黑云压城城欲催”来表述……

无精打采的我终日苦思冥想而不得其解——爱情没了，想死的心都有了！

今天，在家人的陪伴下，我去找了一位心理学教授，他问了我三个问题：

教授：“你认为谈恋爱可能有几种结果？”

我：“两种，一种是走入婚姻的殿堂，另一种是分手。”

教授：“这两种结果都属正常，对吗？”

我：“对的！”

教授：“也就是说，我们面对的是一个正常事件，情绪有点波动可以理解，但也不必过度纠结。”

教授：“第二个问题，你是个爱情至上主义者对吗？”

我：“对的，我认为爱情是生活中最重要的一部分。”

教授：“请再次确认，你认为你最看重的是爱情！”

我："是的，确实如此。"

教授："如果你真是这么想，问题就解决了。你最看重的是爱情，而不是某一个特定的人。你那位男友现在已经不爱你了，在他那里你已得不到你想要的爱情了，而他主动提出与你分手，对你来说，这不是一件好事吗？"

我恍然大悟，一下子内心释然许多……

对呀，我寻求真爱，干吗非在他那棵树上吊死？

教授："第三个问题，也许你还会想到前男友曾经对你的种种恩爱行为，至今还有点让你怦然心动，这可以理解。但你有什么理由能否认下一位男友可能会对你更好呢？"

说实在的，虽然我的男友那么绝情，我心中对他还是有丝丝留恋。经教授一说，我豁然开朗。我干吗那么死心眼？

现在，我正处于舒适的自我催眠状态之中，我的头脑特别清晰，我的心情也好了许多……脑海里突然闪出一个童年的画面：

一位磨刀人，过段时间就会出现在我们家的胡同里。他磨刀的时候，总有一帮小孩在围观，其中也有我。磨刀人手持着刀，在磨刀石上做往复运动，有时还会迸出火花。幼稚的我怯怯地问："叔叔，为什么要磨刀呀？"磨刀人没有抬头，说了句话：刀不磨砺不锋利，人不磨砺不成器。

当年，我似懂非懂。今天，我彻底明白了这句话的含义。

我的失恋不也是一种磨砺吗？失恋让我痛苦，失恋也让我成熟。失恋也让我的生活翻开新的一页。

解开心结，我感到全身轻松，像一片羽毛在空中飘荡……

我来到山间的一片树林。在那里，风轻轻地吹着枝头的树叶。

风穿过树枝时发出的声音就像鸟儿的口哨声。远处的山峦可能没有我想象中的那么遥远，它是力量的象征……岁月的象征……智慧的象征……在这个状态下，它于我而言可以是一种安慰。

郁闷随风而去，快乐重新回到我的身边……

醒来以后，我要整理一下衣柜，把不穿的旧衣服扔掉。已经不穿了，干吗还留在这里占用空间呢？旧的不去，新的不来，就是这个道理。顺便也把那些陈年旧事清理一下，也扔掉。我要以全新的形象示人；我要以全新的姿态投入明天的生活！

专档：哭，一种极佳的宣泄方式

哭能释放情绪、缓解压力。心理学家曾给一些成年人测验血压，然后按正常血压和高血压编成两个组，分别询问他们是否哭泣过。结果是87%的血压正常的人都说他们偶尔有过哭泣，而那些高血压患者却大多数回答说从不流泪。由此看来，让人类抒发出不良的情感要比深深埋在心里有益得多。

想哭就哭吧，它可以把一切痛苦、委屈和悲伤通过眼泪释放。哭是一种纯真的情感爆发，它可以释放体内积聚的神经能量，可以排除体内毒素，从而调节机体的平衡……

有首歌正是这样唱道："男人哭吧，哭吧不是罪，再强的人也有权利去疲惫，何必把自己搞得那么狼狈，其实下雨也是一种美……"你可以在空旷的原野上大声呼喊、痛哭、痛痛快快地哭一场吧，没什么不好，也没什么不可以。

● 冷漠

我正处于舒适而惬意的自我催眠状态之中……

我来到一处松软的草坪上，清新的泥土气息让我沉醉于大自然中……全身的肌肉一寸一寸地舒缓放松……这是一个美妙

血压

我不知

我忍不住哭了

血压

的时刻……

好吧，此时此刻，摘下我的面具，好好地审视自己吧。

脑海中浮现出了自己冷漠的面孔。

一次又一次，对邻居视而不见。

一回又一回，对家人漠不关心。

同事遇上难题，对我可能是举手之劳，但我只作壁上观。

没什么事让我感兴趣，没什么事让我激动不已，包括性生活。

其实，我也不喜欢自己这副冰冷的脸孔，也讨厌这种冰封的内心感受。然而，却挥之不能去……

在平静而愉悦的自我催眠状态下，我发现了自己冷漠心态的源头——这些被我任意推断、过分概括的"负性自动想法"。邻居也许和我一样，渴望一个热情的招呼，我只要主动伸出橄榄枝，说不定就多了一位棋友；家人多一声问候，家庭中的气氛可能就会格外温馨；同事之间今天我帮别人一个忙，下次我有难事时，就会有人伸出援手。

对别人是如此，只要我"投之以桃"，别人定会"报之以李"，然后大家都有收益，大家都会快乐。

对自己也是如此，若以冷漠之心看待世间一切，世界永远是灰暗的；若以热情之心对待周边事物，就会发现，一草一木皆有灵动之性。

要改变的，不是这个世界，而是我们自己。

世间万物无时无刻不在改变，为什么我不能改变呢？

我主动点，热情点。就像我们家的小狗，见到我回家忙不迭地跑过来，又蹦又叫，不就让我冰冷的心体验到一丝温暖吗？

我的眼前出现一个火炬，它熊熊燃烧，它是正能量的代言人！这些温暖、积极的想法仿佛火把那样，消融了那些负性的想法，也融化了冰冷的脸孔和冰封的内心。我感到内心涌动着一股暖流，澎湃不已。我喜欢这种感受，并将用这种新的心态去拥抱明天的生活。

明天，我会去爬山，一路冲到山顶，然后，把冷漠留在那里，轻轻松松地回家……

● 焦虑

我进入了愉悦的自我催眠状态，身体和心灵都感到无比的放松，身体似乎轻盈得快要飘浮起来了，一切的束缚此刻都土崩瓦解。放松脸部的肌肉，眉头舒展了，平时紧紧咬合的下腭也松懈下来……慢慢地，脸部的肌肉变得松软起来，感到非常的轻松和愉悦。越过意识的边界，我已经进入了潜意识开放的自我催眠状态，心情既轻松又愉快，内心一片宁静……

焦虑是我生活的常态。对未来将要发生的任何一件事情，我都有一种不祥的预感。

我上网查过有关焦虑的资料，心理学家说，焦虑是一种对前景不确定性的担忧，当人们面临着一些对自己有着重大意义的事件，而这些事件的前景又具有不确定性时，就会产生焦虑。比如说，高考考生在考试前就会有这种心理反应。这种焦虑是正常的，甚至是必要的。

可我的焦虑就不一样了，我是时时焦虑，刻刻焦虑，对每一件事都焦虑。例如，出外旅行，我会担心买不上票，会担心车子在路上出问题，会担心天气骤然变化，会担心一切的一切。我明知这种担心没有必要，却无法摆脱它的纠缠。我知道，这是抑郁症的表现之一。

在我的焦虑表现中，最为突出的，也就是最为担心的是当众演讲。比如说，在公司会议上要有个发言。作为部门负责人的我，怎么可能不在公司会议上讲话呢？而每到这一刻，我都会把它看成过鬼门关。

今天，我要在自我催眠状态里，运用行为疗法解决我的焦虑问题。

再来体验一下我全身的感觉，胳膊越来越重了，不想动，一点都不想动……腿也很重，不想动，一点儿都不想动……接下来，我将从 5 数到 1，当我数到 1 的时候，将进入更深的催眠状态。

现在开始数数……

好的，非常好，我很舒服……

在脑海里，我把自己的演讲焦虑程度按照高低分为四个等级。

1 级——独自在家作一番讲话。

2 级——在熟悉的环境里对朋友说一段感想。

3 级——在陌生的环境中对熟人演说。

4 级——在陌生的环境向陌生的人群发表演讲。

现在想象自己来到第 1 级情境中——家里，面对空无一人的房间，做一番激情澎湃的演讲。深呼吸，躯体不断放松，带来了精神上的放松，我觉得我能够从容自如地表现自己，这是很容易做到的……

接下来，我来到了设想中的第 2 级情境中——在熟悉的环境里对朋友说一段感想……当我觉得紧张不安时，我便把意识集中在体验肌肉的放松上，体会心理的平静，慢慢地，我不再紧张不安……

想象自己到达第 3 级情境中——在陌生的环境里对熟人演说……我感觉到有一点儿不安全，但是还好，都是熟人，他们都认识我……慢慢地，我渐渐地放松下来……

带着放松的心情来到了第 4 级情境——在陌生的环境对陌生的人做演讲。我看到周围的一切都不是我熟悉的，我感到很不安全……我很紧张，我一个字都说不出来。这时，我想象自己退回刚才的第 3 级情境中，我慢慢地深呼吸……感觉身体肌肉的放松……想象自己正在做一些增强自信的附加动作，如挺胸，放大说话的声音，眼神坚定有力，想象自己精神奕奕，信心倍增……不断地暗示自己"想怎么说就怎么说，想说什么就说什么，不要顾虑别人的想法"。慢慢地，我觉得一切都很正常，没有什么是我害怕的……于是，我又回到第4级情境，我带着放松的心情来想象自己的表现，发现自己跟平时一样，没什么大不了的……

行，就这样，我每天练习，不用一个星期，我的焦虑症状将会大为好转……

或许，可以试着利用我的焦虑……现在，想象我正注视一个钟面，把注意力集中到钟的长秒针上，眼睛随着秒针的走动而移动……当我注视着正在走动的秒针时，想象钟背面的齿轮不断地咬合在一起，不停转动着……渐渐地，就像电流流入挂钟一样，能量也缓缓注入了我的体内……我尽情投入这种专注的体验中……如果有无关念头来干扰，不介意这些念头的到来，但我仍将视线保持在钟上面……我的心跳很稳，节奏接近于秒针摆动的节奏……思维越来越专注，想象力变得丰富，我可以想象到经历过的任何画面……

我正在淋浴……热气腾腾的水从水龙头里奔涌而出，水流冲击我的头部，又顺着胸部、背部往下流淌，水流带走了我的不安、我的焦虑……这感觉实在是太好了……让水流多冲一会儿，冲它个5分钟！让我好好享受这一刻。

记住：今后无论是在现实生活中淋浴，还是在想象中沐浴，它们都能够带走我的不安、我的焦虑。我会像其他人一样，有大事会担心，会焦虑，而不是像平时那样，啥事都担心，都焦虑。肯定是这样的，不会错的！

专栏：难以想象的抉择

巴尼·罗伯格是美国缅因州的一个伐木工人。一天早晨，巴尼像平时一样驾着吉普车去森林干活。由于下过一场暴雨，路上到处坑坑洼洼，他好不容易把车开到路的尽头。他走下车，拿了斧子和电锯，朝着林子深处又走了大约两英里路。

巴尼打量了一下周围的树木，决定把一棵直径超过两英尺的松树锯倒。出人意料的是，松树倒下时，上端猛地撞在附近的一棵大树上，一下子松树弯成一张弓，旋即又反弹回来，重重地压在巴尼的右腿上。

剧烈的疼痛使巴尼只觉得眼前一片漆黑。但他知道，自己首先要做的事是保持清醒。他试图把腿抽回来，可是办不到。腿给压得死死的，一点儿也动弹不得。巴尼很清楚，要是等到同伴们下工后发现他不见了再来找他的话，很可能会因流血过多而死去。他只能靠自己了。

巴尼拿起手边的斧子，狠命朝树身砍去。可是，由于用力过猛，砍了三四下后，斧子柄便断了。巴尼觉得自己真的什么都完了。他喘了口气，朝四周望了望。还好，电锯就在不远处躺着。他用手里的断斧柄，一点一点地拨动着电锯，把它移到自己手够得着的地方，然后拿起电锯开始锯树。但他发现，由于倒下的松树成45度角，巨大的压力随时会把锯条卡住，如果电锯出了故障，那么他只能束手待毙了。左思右想，巴尼终于认定，只有唯一一条路可走了。他狠了狠心，拿起电锯，对准自己的右腿，进行截肢……

巴尼把断腿简单包扎了一下，他决定爬回去。一路上巴尼忍着剧痛，一寸一寸爬着；他一次次地昏迷过去，又一次次地苏醒过来，心中只有一个念头：一定要活着回去！

十　路线图与提示点

从学习自我催眠到改善或消除抑郁症状，一共可以分为九个步骤，我们将它称为九步疗愈法。

以下给出详尽的路线图，路线图将告诉你：

△　先做什么，后做什么。

△　每一步骤具体做什么。

△　做的过程中应注意点什么。

九步疗愈法

第一步：测查抑郁状况

第二步：程度症状列表

第三步：确认催眠收益

第四步：形成正确理念

第五步：做好训练准备

第六步：导入催眠状态

第七步：掌握疗愈技术

第八步：疗愈活动全程

第九步：评估及其奖赏

第一步：
测查抑郁状况

> 我们到底有没有患上抑郁症？如果不幸罹患，程度又是如何？
>
> 别瞎猜，也不要说"大概……估计……也许……可能……"。
>
> 利用科学测试工具，把抑郁状况弄个明明白白，真真切切。
>
> 使用工具：伯恩斯抑郁症量表。

提示点：

填写量表时，不要想太多，第一感觉最能反映真实情况。

4 分以下的人极少，10 分以下都属正常值范围。

进一步考察可做 SCL-90 症状自评量表。

第二步：
程度症状列表

> 将伯恩斯抑郁症量表测试结果填入下表。
>
> 将自身症状与感受的选项填入下表。
>
> 给自己的症状严重程度打分。

抑郁程度表

时间	初始	3 个月	6 个月	一年
抑郁程度	中度			

抑郁症状表

时间		症状等级			
		初始	两周	一个月	二个月
症状表现	1. 失眠，每天睡不到 3 小时，有时彻夜失眠。	8 分			
	2. 缺乏活力，对什么事都没有兴趣。				
	3. 因为一些无关紧要的事情而内疚、自责。				
	4.				
	5.				
	6.				
	7.				
	8.				
	9.				
	10.				

提示点：

填写症状时，按自己认为的优先等级排序。如果失眠最让你感到困扰，那就将失眠排在第一位，优先解决。

给自己的症状程度打分，从 10 分到 1 分，没有标准，也不需要标准，目的是为训练效果作比较用。譬如你给自己的失眠状况打 8 分，训练一段时间后，感觉好点了，就打 6 分。更严重了，就打 9 分。

训练 3 个月、6 个月、一年后，再次使用伯恩斯抑郁症量表进行测试，并将结果填入上表。

训练不同周期后，如半个月、一个月、两个月，对症状等级重新评分。

第三步：
确认催眠收益

"无利不起早"，利益驱动是人类本性使然。

请细数自我催眠带来的收益。

它有着良好的感受。

它能调节我的身心状态。

它能改善我的抑郁状况。

它不需要费用。

它不会暴露我的隐私。

……

提示点：

如需对催眠术与自我催眠术有更进一步的了解，请参看邰启扬主编《催眠术教程》（第2版）。

如果你认可自我催眠能带来巨大的收益，那就请不要抱"打酱油"的心态。浅尝辄止，做不成任何事。

绝对不要把自我催眠看得那么神秘莫测，或者是那么高大上，它就是一种技能，每个正常人都能掌握的技能，就像骑自行车的技能一样。

自我催眠没有任何不良反应，请放心使用。

第四步：
形成正确理念

> 重要的不是世界给予你什么，而是你如何看待这个世界。
>
> 大千世界，光怪陆离。你看世界的眼光，看世界的角度，决定了你的心态，决定了你的行为表现。
>
> 欲改变自己的现状，先改变自己的观念。
>
> 干任何事都是如此，应对抑郁也是如此。
>
> 凡事只有明白了道理，才能坚定执行，不畏艰险。

提示点：

请逐条审视第五章中提出的各条理念，如果不能心悦诚服地接受，请提出你的疑问，然后分析你的疑问有道理吗？直至这些疑问烟消云散。

你可能已经接受了这些理念，但还不能融化在血液中，落实在行动上。那是由于潜意识中还不能接受这些理念。正如所有吸烟的人都知道吸烟有害健康，但照样不可一日无此君。没关系，在往后的自我催眠实践中，可以将把这些理念植入你的潜意识。

第五步：
做好训练准备

选择一个适宜的场所，相对固定最好。

安排时间，能有规律最好。

选择姿势，依个人喜好而定。

提示点：

对于自我催眠初学者，在练习时尽量避免外界环境干扰。

保证练习时间，最好一天两次，最低不少于一周五次。

无论选择坐姿还是睡姿，都要务必让自己感到舒适。

不机械、不教条。所有的训练条件，以可能与喜好为原则。

第六步：
导入催眠状态

以下步骤，依次而行。

腹式呼吸。

> 放松训练。
>
> 躯体感觉。
>
> 自我唤醒。

提示点：

腹式呼吸：约翰·梅森医生建议，每天至少进行 40 次这样的深呼吸，将十分有利于你的身心状态。

放松训练：留意并记住你身体的哪个部位负荷了最多的压力和紧张，这个部位因人而异。下一次练习时，在这些区域多花点时间进行放松。确保所有肌肉中的紧张感都已经消失了。

躯体感觉：每个人的敏感区域不同，你不一定要获得全部的躯体感觉，有两种以上就足够了。

自我唤醒：唤醒暗示要做多遍，以加强效果。另外，喊 1、2 时，声音可较低且施长，喊"3"时，要短促有力。可以出声，也可以不出声。

自我唤醒：当自我催眠技术娴熟之后，仅凭一个催眠后暗示即可进入状态，无须走以上程序。

自我唤醒：不管进入何种程度状态，还是几乎没有进入状态，这一步骤都必不可少。

一般情况下，两周的训练就可以自如地进入自我催眠状态。

● **辅助程序**

催眠深化。

状态检测。

提高易感性。

处理干扰。

提示点：

辅助程序系指需要时才使用的工作内容。比如，没有必要每次都检测催眠状态，每次都进行催眠深化。

第七步：
掌握疗愈技术

提示点：

潜意识不接受笼统、含混的目标，每一次的疗愈活动，我们只能有唯一的目标——改善某种特定症状。也许有人会说我有一堆的症状，如头疼、乏力、失眠、焦虑、孤独、压力山大……一个一个做，啥时才能好呢？其实，只要在一个点上取得突破，所有的症状都会有不同程度的改观。人的心理世界存

● 制定疗愈目标

目标：想要达到的境地或标准。

它是心中的愿景，行为的方向。

对一艘没有目标的船来说，来自任何方向的风都不会是顺风。

在着手解决抑郁问题之时，需要有一个明晰的、现实的、可操作的目标。

在联动机制，生理与心理也相互关联。

绝对不要期待自己发生翻天覆地的变化，比如，一个长期失眠的人突然变得纳头便睡，一睡就是 10 小时，这既不现实，也有点可怕。

用循环的成功取代循环的失败，成功是取得下一个成功最强大的动力。

可视化的目标是矫治与训练效果的倍增器，抽象的目标再美好总显得苍白。具体、形象更能激动人心，更容易被潜意识接受并认可。

● 掌握疗愈工具

暗示是方式。

意象是载体。

与潜意识对话是目的。

通过催眠后暗示延伸效果至日常生活。

提示点：

暗示是理性知觉通道与非理性知觉通道同步加工，实施自我暗示，要将道理与意象有效结合，意象为主。

一定要找到自己的意象偏好，使用自己偏好的意象。

意象只有与自己的生活经历相融合，才鲜活，才灵动，才有生命力，才有效果。

深刻了解催眠后暗示，掌握其诀窍，用足它的全部功能，将催眠效果直接迁移到现实生活之中。

问自己

你能一点一点

地做的更好吗？

> ● 编写暗示脚本
>
> 规范的程式。
>
> 明快而个性化的语言。
>
> 坚定而缓慢的语音、语速。
>
> 熟悉而喜爱的音乐。
>
> 进而形成专属于自己的暗示脚本。

提示点：

改善一种状况可以并且需要使用多个暗示脚本，以多种方式、用多个意象去解决它。但在一个暗示脚本里，我们只能专注于一个问题。

本步骤工作，应与第六步骤工作同时段进行，即一边练习自我催眠，一边编撰暗示脚本，大约两周时间完成。

可以先编制好脚本，但要等到进入催眠状态，产生各种感觉之后再使用它，一般在练习自我催眠两周以后，各种感觉明显之时，再通过暗示脚本进行治疗活动。

第八步：
疗愈活动全程

> 导入自我催眠状态。
>
> 体验放松及肢体感觉。
>
> 插入暗示脚本开展疗愈活动。
>
> 设置催眠后暗示。
>
> 自我唤醒。

提示点：

疗愈活动应在基本掌握了自我催眠技术之后（以多种感觉的获得为标志），做好各项准备工作（如编撰好暗示脚本、预设好催眠后暗示）之时进行。

一定要给自己设置不同的催眠后暗示。

针对同一问题的多个暗示脚本以及反复进行是疗愈成功的必要条件。

第九步：
评估及其奖赏

用 10 级评估法给疗效效果打分，并与初始评分、阶段评分比较。

取得进步后给自己奖励。

提示点：

从前后对比的进步中增添信心，增强动力。

奖赏应在实际看到实际成效后给予。

阶段性目标达成后，奖赏应及时，这样愉快的感受才会和自我催眠的努力紧密联系起来。奖赏不能太频繁，每隔几周才给自己的成功一个奖励。

十一　自我催眠案例

● 削铅笔的妙用

菲莉斯在一家大医院的管理部门工作，她的上司总是对她的工作冷嘲热讽，说她的办公桌乱七八糟，说她的行动太慢。

但她深知自己并不缺乏工作技能，她的上司对办公室的其他人也是这个态度。每次她的上司批评或责骂她时，她的内心就十分不满，还会头疼，她准备辞职了。

其实她也不想离开这份待遇不错的工作，于是她便使用催眠来应对压力。通过学习自我催眠，当她听见老板攻击性的语言时，她就会给自己积极反应的暗示。

例如，她在家里自我催眠时就会联想："我知道当 G 先生粗鲁地批评我的工作时，常常有些孩子气和随意化。我能谅解，但我个人并不会接受这些评价。我可以深呼吸，用削笔器削铅笔，同时削去他冷酷无情的评论。我会发现削完铅笔后，也就卸掉了压力和体验到的紧张感。

由于菲莉斯找到了可以缓解压力的行为，她就能在愤怒产生之前释放压力。她也找到了其他信号作为催眠后暗示，如关注 G 先生讽刺人时那令人讨厌的声调。这使她能过滤掉那些恶毒的话，且不受影响。

当菲莉斯进入催眠状态时，除了她的暗示语和象征物，她还能看到自己进入了所期待的情景，出现不一样的行为和感觉。她以此为目标，每周练习五次自我催眠。大约两个星期后，她发现即使在 G 先生长篇大论地谩骂之后，她的脉搏依旧平静。她的确浪费了许多铅笔，但与拥有健康和心灵的平静相比，那只是很小的一笔花费。

● 别了，广场恐惧症

38 岁的贝蒂已经被广场恐惧症困扰了很多年。她害怕出门，每次外出都有很大的困难。

无论什么时候，只要她出门了，她的子女或丈夫必须有一个人陪着她。贝蒂成了家中的小孩。

她在当地的心理健康诊所已经治疗了两年，还进行了行为矫正。虽然她比以前自信多了，偶尔有时也能单独出门，但她仍感到处于广场恐惧症的魔爪中。尤其是在公共场合，她会感到惊慌失措。

通过自我催眠，贝蒂首先训练了一些内在控制能力，如练习如何放松。第一个选的地点是卧室，对她来说最舒适安全的地方。

几天后，她就去厨房进行训练，对她而言第二舒适的空间。接下来在客厅里训练就产生了一些困难，因为那里会有陌生人进入，如孩子的朋友、销售员等。

在客厅训练一周后，她能放松自如，也更加容易进入状态。接下来她要在后院尝试，那更难。

我们可以看到，贝蒂在慢慢进步，她能够在家里的每个地方练习自我催眠了。最初，她的唯一目标是完全放松，产生一些内在的生理变化。第一阶段（目标是感受到更多的舒适和自信）就用了一个月来训练。

贝蒂的下一个目标是想象进入邻居家。她想象了每个动作，从打开自家的前门到进入邻居家的门。实际上，以前她只鼓起勇气去邻居家串过一次门。现在，在催眠中，她在脑海里演练那段行程和其他行程。

在没有离开家的情况下，她在脑海中练习了三个星期。她想象到了街角的转口，开车到公园，去超市购物。贝蒂学会了积极的自我暗示，她总能在想象中完成短途旅行，然后对潜意识说声"谢谢"，也能接受和信任她的整个自我。

贝蒂对她能够独自出行感到很有成就，没有这种极度恐惧感的人是无法体会的。从她开始自我催眠到现在已经有 3 个月了。她能够独自开车去购物中心，然后满载而归。

随着进一步地训练和练习，她已经能够离开家了。继续使用这些技术来练习，在一年之内，贝蒂的生活又回归了正常。她将白天的行程记录下来，这能帮助她更好地明白自己的感觉，包括积极的和消极的。贝蒂将那些感觉从生理上和心理上消除并记录下来，其实这一过程在进行自我催眠的这段时间里得到了强化。

● 山姆的自我调节

山姆是两个男孩子的父亲，他 36 岁了，有一个 6 岁的孩子和一个 8 岁的孩子。每天晚上当山姆下班回家时，孩子们都会猛扑到他身上，拉着他的手臂要求他和他们一起玩，他都来不及脱下衣服，喘一口气。于是，他发现自己在接近家门时会变得紧张烦躁，当进入前门的时候，全身的肌肉都会紧张起来。

山姆试着用自我催眠解决他的问题。

首先，山姆用自我催眠来回顾和孩子们是如何在一起的。想象下班回家，就像看一场电影——"山姆回家"的电影。当看到自己开着车来到家门口，注意到自己是如何在某个特定时刻变得越来越紧张，甚至在某一时刻观察到，自己脑海中正在考虑先找个别的地方停下来。

山姆发现从高速路斜坡下来时，开始产生消极的感觉，到达红绿灯处时，总是遇到红灯的待遇又让他感觉很糟糕。先前以为是红灯时的等待让他紧张，但在看自己的"电影"时，意识到在红灯时他会想起孩子们将很快就跳到他身上，那才是真正引起焦虑和紧张的原因。

开车回家的具体细节已经成为种种消极暗示，让山姆想起不久将会遇到些什么。通过这个观察，发现每晚当他打开前门时，会预感到孩子们的请求、祈求和对他注意力的争夺，这些让他感到是一种负担。以下是改变自己消极期待的过程：

由于意识到这一切，他决定用另一种方式进行自我催眠——改变对回家的反应，以及孩子们和他打招呼的方式。

山姆试了几种不同的方法和孩子们协商，想象给孩子们带些礼物、糖果或者是给予一些权利，让他们在他家时不要冲向他。想象与孩子们坐在一起，讨论他的感受还有他回家时想要怎样做，还想象着他们的答复。想象与妻子讨论这件事，寻求她的帮助。在脱下工作服之前，想象着将如何加入孩子的行列，和他们一起玩。简而言之，山姆期望在采取任何行动之前，想出尽可能多的选择。

在每个例子中，山姆想象每种选择的可能性和可能出现的结果。最后决定，基于他的自我催眠练习（用了他好几个催眠期完成的），最好、最易于实行的选择是把回家同与孩子们玩耍结合起来，通过奖励他们，使自己能够停下来，换衣服，放松一下。奖励可能是花一些时间在他们身上，一起体验自我催眠想象。当然，他没有将这个叫作自我催眠，告诉孩子们来做一个叫着"尽情想象"的游戏。

现在山姆回家的例行过程是回家，打球，玩游戏，或者做一些孩子们喜欢和他一起玩的其他活动。20分钟之后，他宣布，就像开始时就告诉他们的那样，到了他换衣服和吃饭的时间时，如果他们表现好的话，会和他们玩一个"尽情想象"的游戏。

就像预料的那样，从一开始他们就对这个新游戏很好奇，山姆利用他们天然的好奇心，告诉他们如果表现好的话他就会给他们解释，并和他们一起玩。在他们体验过这个游戏之后，他们开始期待下一次游戏，而且更愿意让他有自己的时间，让他有时间和妻子相处。

这个游戏是他们坐在孩子们的房间（山姆想要在游戏结束后让他们在这里玩），山姆让他们从卡通动画、故事书中的人物或任何他们想要的角色中选择一个。他自己选了一个——左拉，这是来自他童年时期的人物。然后他提出一个问题或障碍，比如，每个人选择一个要救的角色，公主、妈妈、国王、家里的狗或者任何东西。

然后他们会闭上眼睛，深深吸气，屏住呼吸，慢慢地呼气，重复进行三次，然后想象如何拯救他们的角色。当然，每个人都会有机会讲他"尽情想象"的故事。

深呼吸，这是山姆已经学会的，这会帮助孩子们放松，让身体安静下来。分享故事成了孩子们感兴趣的部分，他们有时间来讲故事和听故事。山姆发现自己比设想的更喜欢听他们讲惊奇的冒险故事。整个活动仅仅用了 15 分钟，结束的时候，山姆会离开房间，孩子们通常会安静下来，准备上床睡觉了。

一旦决定了这个计划，山姆便开始使用自我催眠演练开车回家的情形，并设置了一系列新的催眠后暗示。他想要积极地做好准备，回家后与孩子、妻子一起活动，度过一个开心的晚上。同时给自己单独留些时间，这对他而言很重要。

离开高速路的斜坡变成了一个想象中的平台斜坡，红灯变成了停下来进行几次缓慢的深呼吸的标志，放松和释放一天的紧张和压力。用他的遥控器打开车库的门让他想起一个玩具遥控汽车，帮助他进入一种玩乐的轻松情绪。

当山姆打开前门时，他有一种不同的心情，准备好待会儿玩上 20 分钟左右。他发现现在他真的喜欢上他们将要玩的游戏了。自然，孩子们最终会感到厌倦，想要些改变，"尽情想象"这个游戏便被修改了很多次。山姆灵活使用多种暗示，尽量使它们实用，总是用深呼吸来帮助自己想些新版本的游戏。

因为孩子们渴望与爸爸在一起的特别时间，山姆很惊奇地发现和孩子们一起协商、安排时间，为他自己腾出时间是一件多么容易的事。

不用说，每个晚上都免不了会出现问题，但是，山姆发现自己更有耐心，压力也减少了，他的惬意传到孩子那里。如今，山姆家晚上的气氛改善了很多。

● 索菲的疼痛

索菲在一次车祸中伤到了肩部，而落下了长期的肩痛。由于止痛药存在严重的副作用，索菲的医生希望她能利用非药物的方法来止痛。索菲是管弦乐队中的一个音乐家，止痛药影响到了她对音乐节奏的把握，而且似乎开始削弱她的其他感觉。这种情况下，使用自我催眠会是个不错的想法。一方面能够帮她减少疼痛，另一方面可以帮她提高在音乐表演中的专注程度。索菲尝试了这种方法进入催眠：首先将注意力集中在她的肩痛上，探索这种疼痛，检查和审视它，仿佛它和身体相分离，是独立的一部分。当她把注意力移开，不再关注肩痛时，她发现疼痛的感觉有了细微的变化。

然后，索菲将疼痛与颜色、形状联系起来，甚至是一些描述，如急剧的，深深的，或微弱的，抽搐的。她的全部注意力都集中到了疼痛的区域：疼痛的范围有多大？疼痛的感觉有节奏吗？她的注意力集中在回答这些问题上。当她的注意力越来越集中，她发现了一些细微的变化，她越是认真审视这些变化，她便越专注，越投入，她的注意点也因此得以转变。

索菲感受到疼痛感产生了细微的变化，她将疼痛想象成管弦乐队的一部分。神经作乐器，神经冲动便是音符和乐声。她将这些意象进行扩展，并有意识地引导到她和疼痛同台演奏的场景上。她在脑海中预演如何与疼痛一起表演了整章的交响乐。她发现起初自己把注意力集中在干扰她的疼痛上，后来将注意力转移到了一个更有用的干扰上，而后者反而使她更容易进入催眠状态。多次练习之后，索菲甚至能在自己上台表演之前利用自我催眠直接缓解疼痛。

● 一个女人的解放

利兹 28 岁，是一个海军军官的女儿。由于父亲职业的原因，在她成长过程中家庭四处辗转。她有体重问题——体重超出正常标准 22 磅。利兹利用自我催眠进行自我探索，她审视了自己的生活。她觉得自己不能去上大学——虽然这是她多年的心愿。她有份很好的工作但并不是自己喜欢的。

在自我催眠中，利兹回顾了过去，她意识到在大部分时间里，她指望着父亲来评判她所做的事情，是否做得好或者是否做对了。她也会依赖她的男朋友，告诉她自己看起来是否得体，做起事来是否妥当。总之，她不断地依赖别人，尤其是依赖她生命中的男性告诉她做得怎么样。

她父亲曾告诉她目前的工作正有起色，而上大学只是浪费时间，她就放弃了读大学的想法。

她的男朋友想要和她结婚，建立一个家庭，接下来她就准备帮助丈夫打理事业。这就是她的生活：由别人告诉她什么应该做，什么不应该做。

当她审视自己的生活和愿望时，她看到太多的阻碍，利兹想要摆脱这种自我怀疑的感觉，并且学会支配自己的人生。

利兹的第一个任务是培养对生活中一小部分的控制，一次成功，即使是很小的一次也是在培养她的自信。

她意识到她的第一次小的成功是认识到她的问题是什么。她允许自己对父亲生气，对男朋友感到失望，她释放了被压抑、被深藏起来的情感。

她在自我催眠后，给父亲和男朋友各写了一封长长的信，她把信收起来，打算在适当的时候交给他们。她的悟性和行动增加了她的自信，那是另一个成功。

在自我催眠训练的前几周，她暗示自己在与父亲交谈时要自信。当她与父亲交谈时，她利用催眠后暗示，比如，当她父亲开始告诉她做什么或如何去做的时候，她轻轻地擦一下后脖颈，那是她放松的暗示。保持冷静，意识到这是父亲以往的控制模式，擦一下后脖颈就像是解开脖子上的绳子。

另一个提示是紧握拳头然后松开，深呼吸，意味着旧的控制的解除，而她获得了新的力量，她掌握自己的生活。她告诉自己，自己决定生活的观点比其他任何人的观点都重要。

在另一个催眠阶段，利兹想象自己是只小鸟。首先，这只鸟不能飞，只能走路，有点像企鹅。

接着她又想象出一只鸟，这只鸟能走一点点，飞一点点。这些鸟就是她自己转变的一个暗喻。

我需要有
掌控自己生活的能力

几周后，她开始想象着用鸟代表她将来的样子，这只鸟颜色鲜艳，强壮，能够飞很远的距离，她不断暗示，告诉自己她可以像那只鸟一样强壮。

利兹告诉自己，如果有些人看见美丽的、色彩缤纷的鸟在飞翔，他们会有不同的反应，有人认为鸟是属于笼子的，有人认为这鸟是别的国家的，但是他们的观点并不会影响到这只鸟，它只待在自己想要去的地方。

她可以活得像这只鸟一样，她能待在自己喜欢的地方而不是别人想要她待的地方。在连续的自我催眠中，利兹给了自己力量的暗示，意象中鸟儿象征着这种力量，当这只鸟变得越来越色彩鲜艳，越来越强壮时，她也会这样。

在八个月的时间里，利兹上了大学而且表现很好，她和父亲的距离更远了，但是关系却更好了。

她和她男朋友的关系也比以前更好了，他喜欢她身上发生的变化，尽管在有些场合他还像以前那样插手她的事。当这样的事发生时，利兹会提醒他干涉到一只不同颜色的鸟了，他们便会心而笑。

● 化焦虑为轻松

安德鲁每当把车开入车道，便会感到阵阵焦虑。他知道马上又要和妻子讨论他们的财务问题，他们两岁的孩子需要关心，或是家里还有许多活儿等着处理。一天的工作让他身心疲惫，而快要到家时他却只能感觉到紧张。在这个案例里，安德鲁对自己进行了消极的催眠，并且其中还有很多催眠后线索在时刻强化着这种体验。回家的路上充斥着消极的线索，这些线索提醒他即将面临的问题。驱车进入车道暗示着焦虑的开始，停车也是一个线索，这让他千方百计想要逃离屋里等候着他的种种不快。

经过自我催眠练习，安德鲁学会了如何将消极的线索转变为积极的线索，并且能够通过增加线索来产生新的反应。他稍微改变了一下回家的路线，这让他产生了一种全新的视角。回家的路上他有机会回顾一下白天的工作，也终于远离了工作。他对事物产生了不一样的看法，驾驶过程中的深呼吸使他卸下了身心压力。

不久，安德鲁在回家的路途中感到更加放松了。他在车道上的行驶就如同飞机降临跑道时那样轻松和平稳。他想象着一到家便会和孩子玩耍，这将是一段尽情玩乐的时光，比白天的工作要兴奋得多。和妻子的对话也提供了解决问题的机会。尽管现在安德鲁在驶入车道时还会感觉到一丝焦虑，但是这种焦虑不再可怕，而是一种积极的期待。

当安德鲁把车停好，他感觉到自己来到并将进入一个和睦融洽的地方。有什么不一样了？首先，他的视角不同了。之前他不喜欢回家的路，现在他可以将它看作只属于自己的一段特殊时光。他一回到家便跟妻子说，他想先和孩子玩上一会儿（他的小儿子几乎每时每刻都想获得他的关注），他俩可以晚点再聊。他有意地为孩子和他自己空出一段玩耍的时间。这段时光对他而言也有了新的意义。

安德鲁改变了对情境的看法，改变了自己的一些做法，由此有效地对消极的线索进行了有意识地控制，并将这些消极的线索转变为积极的。他改变了回家的路线，他借助一段玩耍的时光让自己意识到由工作到家庭情境的转换，他安排时间和妻子共同解决问题，而不仅仅是忍受妻子的担忧和抱怨。

几周后，安德鲁开始期待能够早点开车回家，很享受与儿子玩耍的时光，与妻子一起解决问题让他觉得自己更有能力了。他的妻子也感觉不错，她现在能够参与问题的解决过程，而不再是一味地催促自己的丈夫。

● 詹妮的情绪平和了

詹妮和里克恋爱了，但里克似乎不太在意詹妮。詹妮知道，里克爱她，但好几次当他入神地读书、做计划、开电话会议或其他类似的事时，就会忽视詹妮。但有时候他对詹妮还是很关注的，如当他们一起出去吃晚餐时，当她有事要商量时，当他们做爱时，等等。

当里克不太关注她时，詹妮说，"我感到很紧张，认为他不爱我了，或者我们之间出了什么问题。"

每当这时，詹妮就变得心烦意乱，有时候甚至以一种激怒的、不可理喻的方式对待里克。之后，认识到是自己的情绪使她如此不安，她的感觉就更糟糕了。

通过自我催眠，詹妮学到，当处于类似的情境中时，不要失去理智，然后集中注意力，用意识或无意识来控制思想。比如，当她察觉到自己的情绪，开始感到不安全或怀疑里克的爱时，这些感觉就成为她停止反应的暗示，让她开始有意地观察，在现实生活中是否有事实证明她和里克的关系发生了变化，是否有必要产生这些情绪。

大多数情况下，詹妮的感觉毫无依据，相反，她的不安全感似乎正来源于这些感觉。她可以停止这些无谓的感觉，可以与感觉对话，然后得出更加理性的看法。

观察感觉和想法的目的是拿它们与真实的现实做比较。詹妮可以这么对自己说："我为卧室新买的植物，他没有给出任何看法，难道这就能表明他不喜欢和我在一起，或由于某个原因忽视了我？"她也可以直接问他，是否有哪里不对劲。

还有几次，她想起了过去的一些事情并对自己说："我知道他爱我，关心我，因为他说过，他记得我的生日和特殊的日子，他也喜欢我们单独在一起的时候。仅仅有几次专心于其他的事并不意味着他心不在焉。这在过去发生过很多次，但后来他证明了他是多么在乎我。"

通过这种方式，她说服自己得出更加理性的看法。她意识到最终这种不舒服的感觉会消失，她越是少花时间来分析自己的感觉，就会越少地体验到这些不快。

● 他在考场上正常发挥了

张明进入高三以后，最大的困扰不是学习本身。他挺聪明的，也很勤奋，各科成绩也平均，没有明显的短板。按他的实力，"一本"绝对没问题。但让他惴惴不安，也是令他的父母忧心忡忡的是：他常常考试怯场。小测验时表现还不明显，一到模拟考试，也就是正规考试时，麻烦就来了。他是这么描述自己的感受的：

> 我在平时都是复习得好好的，可一进考场就头晕目眩，心跳加快，原来记得滚瓜烂熟的东西竟溜得无影无踪。一走出考场，这些刚才怎么都想不出的内容却又毫不费劲地回忆得一清二楚。一拿到试卷，手就情不自禁地发抖，字都难写好，背过的东西忘得差不多了，那些容易的题目也会把我卡住……
>
> 其实，在临考之前，我就开始紧张了，心里头总是怪怪的，怕怕的。身心感到疲惫，爱发脾气，生理规律有时失控，如尿频、打冷战……

张明遇上了考生最悲哀的一种局面：那就是考试题目，考前会做，考后也会做，就是到考试的时候做不出来。

显然，这与知识、与能力无关，是不良心理因素在作祟。

无奈之下，张明找到了我们。

我们告诉他，这是典型的怯场表现，建议他利用自我催眠来解决问题。

一开始，张明和他的父母还有些犹豫。因为听说每天要花近半个小时的时间进行训练，高考前夕，可是寸金寸光阴啊！但考虑到怯场的严重危害，以及自我催眠除了可以对付怯场，还有利于调节身心状态，他们还是接受了我们的建议。

张明是个做事很认真的小伙子，悟性也比较高，大约经过10天的自我催眠练习，他就能够很自如地进入自我催眠状态了。

他的主要问题是一进入考场的场景，甚至一想到考场的场景，紧张与焦虑便随之出现。进而导致思维紊乱，记忆障碍，甚至动作不协调。因此，暗示脚本的主要内容分为三个部分。

第一部分的场景是时常出现的怯场表现：

我在考场上，感到很紧张不安，不知所措。总是听到大脑里有一个声音不停地重复，"试题可能很难""我害怕失败""我不行""我肯定考不好""完了，这次我又考不好了"……

看到周围的同学都在认真地答题。看到试卷上一道道熟悉的题目，我感觉大脑一片空白……我又失败了，又是很低很低的分数……我害怕看到考试失败后爸妈那失望的脸，看到他们恨铁不成钢的心……这让我很不自在，很紧张。

我感到胃很不舒服，有一种恶心呕吐的感觉，很想快点离开这里，回到让自己安全的地方……心在拼命地跳动着，几乎要脱离我的身体，失败的恐惧感突然来袭，我很害怕……

第二部分的场景是成功经历的回忆。任何一个怯场的人都不可能是从小到大每一场考试都怯场，他一定有过不怯场的时候，发挥上佳的时候。把这种成功经历在脑海中多次回放。

第三部分是进行考场心理预演。

好的，现在就让我提前体验一下这次考试的冒险之旅吧……

我看到自己已经坐在了考场里，周围坐满了我的同学，两个监考老师站在讲台上威严地环视着教室……看到监考老师，我开始心跳加速了，手心冒出细密的汗珠，握笔的右手也紧张得微微颤抖……这个时候，我对自己说，放松，深呼吸……我深深地吸了一口清凉的空气，然后慢慢地吐气，感觉我的身体渐渐地放松下来，手不再颤抖了，冷汗也渐渐消退……我听到我的心脏有力但是有节奏地跳动着，仿佛在不断重复说，我能行，我能行，我能行……

监考老师开始发试卷了，我的心在"怦怦"乱跳。没事，很快就会没事，再做两次深呼吸……我感到思维异常活跃，记忆清晰，所有复习过的知识都在我脑海中有条理地一一呈现，这让我信心倍增……

好，现在我开始答题了，我忘记了对考试的恐惧、对考试结果的焦虑，我的注意力高度集中在试题上……我做得很顺利，既自信又冷静……终于，交卷的铃声响了，我面带微笑，将试卷交给监考老师，走出考场，我的心情非常轻松，对考试结果充满信心……这种感觉非常好，让我再重新体验一遍……首先，我从容镇定地参加了考试，考试结束后，我对考试结果充满信心，没有焦虑，没有恐惧，我感觉很轻松……

现在，我仿佛对即将到来的考试没有那样紧张了……不久之后，当我走进考试的时候，我会重新回忆起现在的感觉，我从容又自信，头脑清晰，精力充沛，是的，我一定会在考试中发挥出最好的水平，顺利通过考试……一定是这样的……

他给自己预设的催眠后暗示线索是深呼吸。在每次自我催眠行将结束时，反复暗示自己：

今后，上了考场，闭上眼睛，做三次深呼吸，我的状态就会出来了！肯定是这样的，不会错的！

一个多月的自我催眠训练，这个小伙子终于从考试怯场中走了出来。在潜意识开放之时，几十次的心理预演已使得他对考场氛围感到特别熟悉，就像平时走进教室，走回自己的房间。偶尔也会在心头有一丝恐惧，一点紧张。但他告诉自己，这是所有考生的正常反应，不足为怪，只要两次深呼吸就能搞定。

在后来的高考中，张明虽然没有做到超常发挥，但成绩确实代表了他的能力、他的水平。老师也说他就应该是这分数。对于张明，对于他的家人，这一结果令他们十分满意。

● 产后不再抑郁

随着一声响亮的啼哭，宝宝呱呱落地了！初为人母的蓓蓓兴奋、激动，孩子的脸庞怎么也看不够。

不过，这种兴奋、激动的好心情没多久就悄然离去，取而代之的是焦虑、自责、心情抑郁，无精打采。似乎并没有什么特别的事件令人不快，但低落的心境总是看什么都不顺眼，蓓蓓心知肚明，她染上了产后抑郁症。

其实，蓓蓓对自己的孩子已经做了很多，也做得很好，但她还是自责地感到，似乎对孩子的爱还不够，自己不是一个合格的好妈妈。孩子一哭，她就很紧张；上次感冒了一回，她就在反复思考自己哪儿做错了，接下来就是无边无际的自责。

其他人在蓓蓓的眼睛里几乎不存在，包括她的老公。丈夫想和他亲热一下，被她断然拒绝，她没有兴趣，也没有心情。

抑郁的表现渐渐向身体上扩展。表现为容易疲劳，入睡困难、早醒，食欲下降。

听人说，很多产妇都会有产后抑郁的症状，不过有不少人很快就能走出来。可蓓蓓没能走出来，情况似乎越来越严重。

在丈夫的多次劝说下，蓓蓓去看了心理医生。接下来，她就试图用自我催眠来解决自己的问题。

她经过认真的梳理，发现自己问题的症结在于：总觉得自己对孩子做得不够，不好，有愧于自己的孩子。这是问题的原点，其他的一切都是由此而派生的。

蓓蓓给自己设计了一个熟悉的意象，那是在怀孕时买的一对长毛绒玩具。是两只熊，一个熊妈妈，一个熊宝宝。平时，她常常摆弄这两只熊，爱不释手。在进入自我催眠状态之后，熊妈妈和熊宝宝都活了起来，展开了交流与对话。

　　熊妈妈：宝贝，我真的很爱你，很爱你。你让我的生命完整；你让我的生命升华；你让我的生命延续……我怎么爱你都爱不够。

　　熊宝宝：妈妈，我知道。我也体会到你对我的爱。

　　熊妈妈：可是，我没有把你照顾好呀！我看到你经常有些不适，甚至有些痛苦。你不是常常会啼哭吗？

　　熊宝宝：妈妈你弄错了，我有时哭是告诉你我饿了；

有时哭是告诉你要换尿布了；还有的时候哭是我在锻炼身体。我不会说话，只能用这种方式与你交流。

熊妈妈：哦，原来是这么回事！

熊宝宝：其实，我更多的时候是在安静地睡觉，因为我要集聚能量，让身体快快地长。还有的时候会对你笑，那是我感到舒适，也是回报你的爱心。

熊妈妈脸上出现宽慰的笑容。

熊宝宝：妈妈，我来到了这个世界，我要一天天地成长。成长的过程中少不了会有些小挫折，我能承受，我知道这是不可少的。您要宽心，更不用自责，这本来就不是你的错！

熊妈妈感动了，轻轻地吻了一下熊宝宝，流下了眼泪，但那是幸福的眼泪。

轻吻的这个场景让蓓蓓震撼。她告诉自己，今后如果情绪上再出现问题，只要吻一下自己的宝宝，一切都会烟消云散。

蓓蓓一直在使用自我催眠，因为她从中得到了很大的收益。不到一个月的时间，产后抑郁已离她而去。

后来，蓓蓓还意识到，不仅要除却莫名其妙的自责心理，在关爱孩子的同时，还要注意调节好与老公的关系。不能有了孩子就把老公晾在一边。世界上有多种多样的爱，在人的短暂一生中，应该去体验这多种多样的爱。除了母子之爱，还有夫妻之爱、姐妹之爱、师生之爱、同事之爱……体验多样之爱，人生才算圆满；有了多样之爱，孩子才能生活在一个幸福的氛围之中。她在后来进行的自我催眠中不断向自己提出这样的暗示，于是，在现实生活中她主动关爱老公，当然也获得回报。她发现，她的宝宝并没有吃醋，而是更加开心了。因为宝宝生活在一个到处充满爱意的家庭之中。

● 躲在微笑背后的抑郁

李先生是一家大型企业的高管。他的形象总是赢得人们的赞誉，他微笑着面对客户，表现出热情与诚意；他微笑着面对下属，显露出自信与礼貌；他微笑着面对上司，透露出尊敬与理性。如果李先生自己不说，任何人都不会把他与抑郁症联系起来，当然，这种隐私他也不会告诉任何人。

每当独处的时候，李先生就会一声叹息，欲哭无泪。有谁知道，在人前之时，他戴着沉重的面具，却强忍着痛彻心肺的煎熬。

这是一种名之为"微笑抑郁"的心理现象。在别人面前一个劲地"装"，而没人知道他在"装"，那种莫名的悲哀非当事人难以想象。

李先生自己也意识到问题的严重性，他决心解决这个问题。这时，有人向他推荐了自我催眠术。

在自我催眠中，李先生做的第一件事是宣泄。他"装"得太多，他"装"得太久，"装"得太过。久而久之，过度的压抑让他与抑郁症不期而遇。自我催眠是一种纯个人的私秘活动，没有任何的顾虑，于是，李先生痛痛快快地哭了好几场。然后，他在催眠后暗示中给自己布置作业——醒来以后，夜深人静之时，分别给他的客户、给他的下属、给他的上司，也给他的妻子写了几封信。信中主题只有一个：对他们的种种抱怨。想说什么就说什么，想怎么说就怎么说，没有任何顾忌，没有任何保留，因为这几封信压根就不用寄出去。心理咨询师还建议他，写这些信时不要在电脑上写，而是手写。起先他还不知道为什么要这样，但在写信时他体会到了这么做的好处：写到痛恨处时特别用力，起到了很好的宣泄作用。写完每封信后，自己再读上几遍，然后付之一炬，顿时有一种豁然开朗的感觉。

在自我催眠中，李先生做的第二件事是理性看待自己"装"的行为表现。所谓"装"，就是让自己戴上面具在人前表演。就是这种表演让自己感到特别累，进而染上抑郁症。但可否在人前从来不"装"，绝对地我行我素呢？理性的分析告诉他，这是不可能的，已经社会化了的人不可能有绝对的自由。"装"，有时的确是工作需要，今后在人前还得"装"，否则很难生存。于是，他告诉潜意识，人在江湖，面具是必需的。随着场景的转移，即刻卸下面具，让"本我"有一次痛快淋漓的表现。比如说，和几个朋友喝点酒，酒桌上可以嬉笑怒骂，根本不用考虑绅士风度；也可以去运动场打球，和老婆尽情做爱。总之，在"超我"与"本我"之间找到一种平衡，既遵守社会规则，又不压抑自己。生活具有多面性，做一个"摇摆人"。

李先生把小时候的玩具"不倒翁"作为自己的催眠后暗示线索。"不倒翁"的特点是：你可以任意把它向任何一个方向推，但它就是不倒，还笑嘻嘻地看着你。他给自己建立的催眠后暗示是：人们把"不倒翁"往各个不同的方向推，寓意着生活的多面性，而"不倒翁"总是屹立不倒，象征只要有主心骨在，就可以应对任何生活事件。

自我催眠中，李先生做的第三件事是适当降低对自己的要求。别把自己看得那么高大上，别认为自己无所不能。事实上，自己是有所能，也有所不能，不期待自己能够完美地应对生活中、工作中的一切。为此，他给自己设计了一个意象，那就是给气球打气。这也是小时候特别熟悉的一个场景。随着气体的充入，气球渐渐鼓了起来，饱满而艳丽。再继续打气，"嘭"的一声，气球炸掉了，变成碎片。原因是充气过头了。他牢牢记住了这一场景，并告诫自己要从中吸取教训，别重蹈覆辙。

在李先生后来的生活中，尽管有时还在"装"，在人前还是微笑，但他的心里却舒坦多了，他明白，这只是生活的一部分，一个侧面。生活是个多棱镜，反射出的是七彩光线。所以，他能接受这一切。

别人却说，李先生的微笑更真诚、更有魅力了。

又看到

十年前真正的你我

● 与失眠的一番缠斗

郜女士自己也搞不清楚，究竟是抑郁引起了失眠呢，还是失眠引发了抑郁？不过，当前她最难受的感觉就是睁着眼睛度过那无眠的长夜。

郜女士使用了安眠药。说真的，开始服药时效果不错，渐渐地，需要加大剂量了，后来，加大剂量也不行了。郜女士的老公知道安眠药是有副作用的，吃多了甚至能致命，由此而产生担心。于是，他们就去请教心理医生，看看有什么心理疗法能够治疗失眠。

心理医生告诉她，同样是失眠，引发的原因却是多种多样。正如有人不吃肉是因为信仰；有人不吃肉是为了减肥；有人不吃肉是因为没钱。不找到根本性的原因，不对根本性的原因进行诊治，很难收到良好的效果。

心理医生给她提出的找原因的方法是：在什么样的情况下，失眠最厉害？在什么样的情况下，失眠会好一些？在失眠的时候，想得最多的事情又是什么？

郜女士沿着这一思维轨迹，找到了自己失眠最主要的原因，那就是焦虑。是焦虑引发了失眠，失眠又加重了焦虑，二者互为反馈，致使病情愈演愈烈。

经分析，郜女士发现自己对什么事都担忧，对未来即将发生的大事、小事，她都有一种不祥的预感，总感到要有祸事临头。有时候，她也自知这种担忧是没有必要的，是不合逻辑的，但还是不能驱赶心头的乌云。尤其是在晚上睡不着觉的时候，这样那样的事情就会一起涌向她的心头。由此看来，不解决这个问题，想赶走失眠只是空想。

接下来，邰女士就利用自我催眠技术来应对焦虑问题。

首先，她在身心放松上狠下功夫，在催眠状态下，努力寻找各种躯体感觉，并且充分享受并强化这些感觉，她这么做很有道理，因为焦虑的对立面就是放松。身体的放松，心灵的放松。经过半个多月的放松训练，她感觉到自己的状态有所好转，尽管失眠仍在继续，但感觉每天入睡的时间比过去长一些了，更为明显的感觉是，在失眠阶段，她心态平和了许多。邰女士对此感到很满意，她决定奖励一下自己有一件自己很喜欢的羊绒大衣，她一直没有舍得买，这次，她毫不犹豫地买了下来。对着镜子看了好一阵，怎么看怎么满意。

接下来邰女士安排自己在催眠状态中去旅行，旅行本来就是邰女士的最爱，在旅行中，她总是能获得很好的心理体验，只不过近年来由于失眠的困扰，无心于此。

在自我催眠中，她想象自己驾车穿过山谷；在森林里漫步，在高山上与白云亲密接触；在海水里与鱼儿一起游泳……想着想着，感觉身体越来越轻，有一种飘飘然的体验。在这一时刻，焦虑走出了她的身体，她的心灵……

接下来，她的脑海里出现一支蜡烛，正在燃烧着的蜡烛。每一滴蜡烛油代表着心头的一点焦虑。她告诉自己，蜡烛正在融化，心头的焦虑也在融化，一点一点地融化。蜡烛越来越短了，心头的焦虑越来越少了，睡眠质量也一点一点提高了。她知道蜡烛的燃烧需要时间，清除焦虑也需要时间，提高睡眠质量也不是一天两天的事。但明显看到自己的进步，自己的改善，心中有种说不出的快慰与满足。

两个月后，郜女士的睡眠时间已达到五六个小时。她对这一结果非常满意。

图书在版编目(CIP)数据

自我催眠：抑郁者自助操作手册 / 邰启扬等著. --
北京：社会科学文献出版社, 2018.5
（邰启扬催眠疗愈系列）
ISBN 978-7-5201-2477-5

Ⅰ.①自… Ⅱ.①邰… Ⅲ.①催眠术 Ⅳ.
①B841.4

中国版本图书馆CIP数据核字（2018）第050966号

·邰启扬催眠疗愈系列·

自我催眠
——抑郁者自助操作手册

著　者 / 邰启扬 等

出 版 人 / 谢寿光
项目统筹 / 王　绯　黄金平
责任编辑 / 黄金平
漫画作者 / 王家琪

出　　版 / 社会科学文献出版社·社会政法分社（010）59367156
　　　　　　地址：北京市北三环中路甲29号院华龙大厦　邮编：100029
　　　　　　网址：www.ssap.com.cn
发　　行 / 市场营销中心（010）59367081　59367018
印　　装 / 三河市尚艺印装有限公司

规　　格 / 开　本：880mm×1230mm 1/32
　　　　　　印　张：7.25　字　数：149千字
版　　次 / 2018年5月第1版　2018年5月第1次印刷
书　　号 / ISBN 978-7-5201-2477-5
定　　价 / 58.00元

本书如有印装质量问题，请与读者服务中心（010-59367028）联系